品鉴宝典
葡萄酒
完全掌握手册

〔日〕君岛哲至◎著　王美玲◎译

海峡出版发行集团
THE STRAITS PUBLISHING & DISTRIBUTING GROUP | 福建科学技术出版社
FUJIAN SCIENCE & TECHNOLOGY PUBLISHING HOUSE

围绕着葡萄酒，去考察了葡萄园并拜访了酿造者，发现优质葡萄酒的背后势必存在着绝佳的葡萄园和优秀的酿造者，正应了那句"葡萄酒是大自然和人手共同打造的极品"。当酒桌上有这样的葡萄酒，人们开怀畅饮，葡萄酒与料理相搭配的乐趣更是无穷无尽。此刻，大家欢聚一堂，还可以与全世界各国葡萄酒爱好者成为知己。没错，葡萄酒就是充满着这样的魅力。

本书就是想向大家传达葡萄酒的魅力，以进一步拉近大家与葡萄酒之间的距离。我尽可能地整理了大家希望知道的基本知识，通过言简意赅的语句，清晰明了的照片和地图，进行图文并茂的传达。你可以从任意一个你喜欢的章节开始阅读。不论是葡萄酒特性分类还是各品种优质葡萄酒推荐，本书均有详细介绍。

在世界各地，你都会捕捉到葡萄酒的踪影，越了解就会越发感到其深邃。随着时间的流逝，你又会感觉到葡萄酒别样的风情。总之，葡萄酒的世界没有终点。当然，本书介绍的不过是葡萄酒的一部分，然而这也是其魅力所在。以本书为依托，在这无终点的精彩旅行中，我愿与你同行。

君岛哲至

目 录

第二章 通过地图巡游世界葡萄酒产地

第三章 葡萄酒实践讲座 …………………………… 167

第四章 葡萄酒知识提升讲座 ･････････････････

栽培·酿造篇 Q 最近常听到的"自然派"和"有机农法"指的是什么

Q 亚硫酸（酸化防止剂）对人体有害吗

Q 何谓"MLF（香气发酵）"

Q 不锈钢大桶发酵·熟成和木酒樽发酵·熟成的差异在哪里

Q 熟成酒樽种类的差异带给葡萄酒哪些不同

Q 进行"限制收获量"和"晚摘"的理由是什么

知识篇 Q 什么是"葡萄根瘤蚜"

Q "螺旋帽"和"软木塞"的区别

Q 表示葡萄酒缺陷的怪味包括哪些

Q 喝剩的葡萄酒如何保存

Q 倒葡萄酒的人，应该是男性，还是女性

Q 为什么将葡萄酒横放保存

Q 倒酒时，多少分量恰到好处

Q 陈年葡萄酒就是优质葡萄酒吗

绪论　葡萄酒基础知识

葡萄酒有哪些种类？使用什么样的
葡萄？从葡萄的种类，到葡萄酒的
味道和香气等葡萄酒所包含的要
素，在这部分均有讲解，让你轻松
了解"葡萄酒的基本知识"。

一起畅饮葡萄酒

世界各地的葡萄酒
个性缤纷多彩

世界各地都在酿制葡萄酒，葡萄酒也反映着各产地的特性。从口感厚重的到口感轻快的，从味道纯粹的到味道复杂的……葡萄酒的表情从不重复，葡萄酒的个性缤纷多彩。因此，你可以结合当天的心情和场合去选择合适的葡萄酒。当然，要重点注意的是，葡萄酒不论价格高低，都有它的美妙之处。享受葡萄酒的方法也多种多样。

葡萄酒中夹杂着
自然和人手的温暖气息

葡萄酒味道清新，充满生气，据说这主要是生产优质葡萄的葡萄园的功劳。承蒙大地、太阳、雨露的恩惠，再经人手的完美打造，葡萄酒就这样被酿制出来了。好的葡萄酒，借助天时地利人和。能够传达这种完美结合的味道，也是葡萄酒所独有的属性。

了解愈深
就会愈加陶醉于
香气与味道馥郁的
葡萄酒世界

葡萄酒，将"香味一体"诠释得淋漓尽致。各种果香、花香、蜜香、香草、土香、肉香……口中充满着果实味、酸味、涩味、微妙的口感。香气和味道余味悠长、影响面广。而且，在玩味的过程中，对其了解愈深，就愈会被它的魅力所震撼，愈加陶醉于这美妙的世界。

葡萄酒与料理
二者相得益彰

葡萄酒与料理最为搭配，二者相得益彰。有人说，倘若没有葡萄酒，就难以进食法国料理。其实远远不止如此。无论是随意场合，还是正式场合，葡萄酒与料理的搭配均不拘泥于葡萄酒种类，亦不受食物原料所限。料理和葡萄酒相得益彰，1+1不再等于2，甚至可以等于4或5。其探寻过程也充满了乐趣。

葡萄酒拥有凝结人心
这种不可思议的力量

数人欢聚一堂，打开一瓶沁人心脾的葡萄酒，或者打开香槟酒举杯畅饮，这时，不可思议的事情发生了，周围的一切都变得生机勃勃。实际上，好的葡萄酒就是一位佳人，她气质非凡、面容姣好、水灵脱俗。毋庸置疑，此刻是美妙的，葡萄酒成为众人的共同语言。葡萄酒散发着此般气息，拥有凝结人心这种不可思议的力量。

葡萄酒是什么样的酒

葡萄酒的定义很简单，"以葡萄为原料的酿造酒"。所谓酿造酒，就是将果实及谷物等原料进行发酵，再通过过滤后可以直接饮用的酒类。进一步地说，在酿造酒中，葡萄酒仅以葡萄为原料，它最明显的特征就是酿造过程极其简单。

比如说以谷物为原料的啤酒和日本酒，它们在酿造过程中，必须经历糖化这一过程，即原料大麦和稻米中富含的淀粉分解成酵母能够发酵的糖分。此外，酿造用水的优劣对结果的影响也起着举足轻重的作用。

葡萄酒的原料仅是葡萄

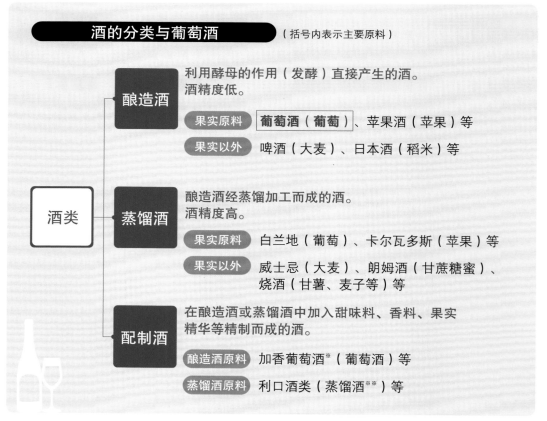

酒的分类与葡萄酒 （括号内表示主要原料）

酿造酒
利用酵母的作用（发酵）直接产生的酒。酒精度低。
- **果实原料** 葡萄酒（葡萄）、苹果酒（苹果）等
- **果实以外** 啤酒（大麦）、日本酒（稻米）等

酒类

蒸馏酒
酿造酒经蒸馏加工而成的酒。酒精度高。
- **果实原料** 白兰地（葡萄）、卡尔瓦多斯（苹果）等
- **果实以外** 威士忌（大麦）、朗姆酒（甘蔗糖蜜）、烧酒（甘薯、麦子等）等

配制酒
在酿造酒或蒸馏酒中加入甜味料、香料、果实精华等精制而成的酒。
- **酿造酒原料** 加香葡萄酒※（葡萄酒）等
- **蒸馏酒原料** 利口酒类（蒸馏酒※※）等

※ 苦艾酒、开胃酒、桑格里厄汽酒等
※※ 如白兰地等以果实为主要原料的蒸馏酒

与啤酒等不同，葡萄酒的原料葡萄本身就富含发酵所需要的糖分和水分。形象地说，把葡萄放进干净的容器里，将其捣碎，发酵后它就能自然形成葡萄酒了。因此，葡萄酒本身如实地反映着原料葡萄的质量。葡萄酒的品质正是由葡萄决定的。

此外，葡萄是一种较难保存的果实，它新鲜度高，要趁着它未腐败的时候迅速进行酿造。因此，通常情况下，葡萄田和酿造厂离得很近。葡萄酒与葡萄产地密切相连的原因亦是如此。

就像刚才提到的那样，葡萄酒的品质与葡萄息息相关，其品质好坏90%是由葡萄决定的。因此，葡萄酒酿造之前，如何栽培葡萄、如何收获葡萄在影响因素中占着很大的比重。所以，葡萄酒其实是"农产品"。

当然，"农产品"葡萄的质量与产地的气候风土（土壤、地势、日照、气温、雨量等）密切相关，受葡

葡萄酒是"农产品"

萄种类的影响也很大。此外，随着每年气候的不同，葡萄的质量也会发生改变。因此，在一定条件下，如何培育葡萄，以保证其适于酿制葡萄酒，需要酿造者潜心钻研。

就这样，葡萄酒强烈地反映了产地和葡萄田的个性。而且，整个田间工作和酿造过程，都需要达到天时地利人和。

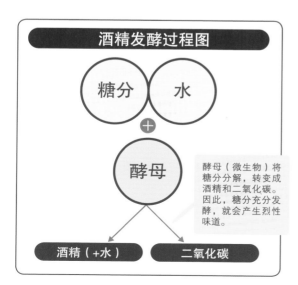

酒精发酵过程图

糖分　水

＋

酵母

酵母（微生物）将糖分分解，转变成酒精和二氧化碳。因此，糖分充分发酵，就会产生烈性味道。

酒精（+水）　　二氧化碳

葡萄酒的产地在哪里

葡萄酒的产地，必须是适合葡萄生长的土地。

提到适合葡萄生长的土壤条件，首先，年平均气温为10~20℃（酿酒葡萄的话，10~16℃最合适）的地域最为理想。倘若在世界地图上划一条符合条件的等温线，就会发现北纬30°~50°附近、南纬20°~40°附近这两个地域带均适合作为葡萄酒的产地（参见P15地图）。

平均气温 10~20℃ 最为理想

说到具体的代表性产地，包括欧洲、美国、日本、南非、澳大利亚、新西兰、智利、阿根廷等。

当然，生长条件不仅仅指气温，日照、水分、土壤等也很重要。在葡萄的生长期间（从开花到收获大约100天），日照量最少要1300~1500小时，年降雨量在500~900mm，符合该条件的土壤最合适。

关于降雨量和水分，还有一点要补充的，那就是酿酒葡萄对稍微干燥的土壤情有独钟，湿度过高，容易产生真菌性病害。特别是在葡萄的成熟期和收获期，一旦雨水较多，果实中水分的比例变大，味道和含糖量就会大打折扣，葡萄也随之变得淡而无味。将水分最小化，会大大提高葡萄的浓缩口感。此外，关于水分，它不仅与降雨量有关，也受土壤的排水能力和地形的影响。排水能力强，葡萄就不会继续吸收不必要的水分。比如斜坡地，排水性就会加强。

● 品种的层次化

在北半球适宜葡萄栽培的地区，并非所有地方都适合栽培同一品种。通常越往南，葡萄越容易变红，以红葡萄为中心的产地居多；而越往北去，葡萄越容易产生清新酸味，白葡萄酒产地居多。此外，适宜栽培的葡萄品种数量以北纬45°为界呈层次化趋势，越往北越少，而以南地域则大量递增。酿酒葡萄品种的数量在产地上呈现得一目了然，想必大家对这一现象充满浓厚的兴趣。

葡萄酒产地的基本要求

温　　度／年平均气温10~16℃
　　　　　昼夜存在温差

日照量／生长期间（从开花到收获大约100天）最少要1300~1500小时

降雨量／500~900mm

土　　壤／排水能力强、贫瘠

世界上适宜栽培葡萄的地域和葡萄酒主要产地

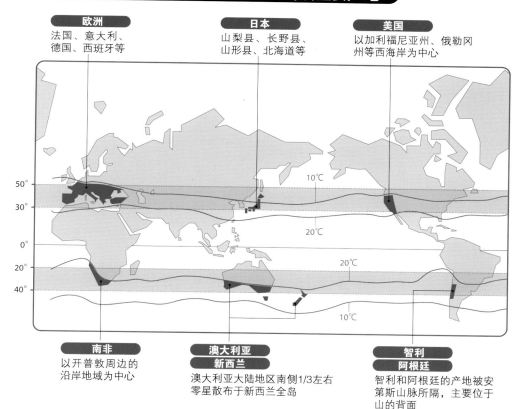

欧洲
法国、意大利、
德国、西班牙等

日本
山梨县、长野县、
山形县、北海道等

美国
以加利福尼亚州、俄勒冈
州等西海岸为中心

南非
以开普敦周边的
沿岸地域为中心

澳大利亚
新西兰
澳大利亚大陆地区南侧1/3左右
零星散布于新西兰全岛

智利
阿根廷
智利和阿根廷的产地被安
第斯山脉所隔，主要位于
山的背面

● 在日本受欢迎的葡萄酒

按照国别来看日本进口葡萄酒数
量，第一名是法国（53749kL）
（根据2005年关税局贸易统计，
下同），远远超过第二名意大
利（21655kL）。之后依次是美
国、澳大利亚、智利、西班牙。
由此可以看出各国葡萄酒在日本
市场受欢迎的程度。

各国葡萄栽培面积和葡萄酒产量

（根据2005年国际葡萄与葡萄酒组织O.I.V.资料）

	葡萄栽培面积		葡萄酒年产量	
第1名	西班牙	1 180 000 ha	意大利	5 402 100 kL
第2名	法国	894 000 ha	法国	5 210 500 kL
第3名	意大利	842 000 ha	西班牙	3 615 800 kL
第4名	※		美国	2 288 800 kL
第5名	※		阿根廷	1 522 200 kL
第6名	※		澳大利亚	1 430 100 kL

※第4~6名的国家因非酿酒葡萄较多，特此省略
※※ 全世界的葡萄酒年产量约2.82×10^{10}L

葡萄酒有哪些种类

葡萄酒可以按照酿制方法、色泽进行分类。

根据酿制方法的不同分为4类 ▶

1 平静葡萄酒
2 起泡葡萄酒
3 加强葡萄酒
4 加香葡萄酒

1 平静葡萄酒
Still wine

将葡萄汁发酵酿制而成，无碳酸气体（二氧化碳）形成的起泡性，也就是我们通常印象下的葡萄酒。一般酒精度数8~15度。

2 起泡葡萄酒
Sparkling wine

富含大量碳酸气体（二氧化碳），呈现起泡性，香槟酒就是其代表。在酿制过程中有数种蓄积气体的方法。一般气压在3个大气压（$3.039 \times 10^5 Pa$）以上的葡萄酒被称为起泡葡萄酒，3个大气压以下的被称为微起泡葡萄酒（例如法国的佩蒂起泡酒、意大利的微起泡葡萄酒等）。

● 酒瓶形状也各式各样

注意观察，就会发现葡萄酒酒瓶的形状随着产地的不同有多种形式，非常有趣。具有代表性的有瓶壁平直、瓶肩呈尖角状的波尔多瓶，以及瓶肩较窄、略带流线形的勃艮第瓶。此外还有在阿尔萨斯和德国居多的细长笛形瓶，以及德国弗兰肯地区特用的扁圆形瓶。

勃艮第瓶　波尔多瓶　笛形瓶　扁圆形瓶

根据色泽不同分为3类

1 红葡萄酒

主要以黑葡萄为原料，由于酒精发酵时，果皮和籽一起浸入果汁中，于是产生了红色素。其特征是伴随着红色色调，产生的单宁酸使口味较涩。（酿制方法参见P184）

2 白葡萄酒

仅将葡萄汁酒精发酵而成的葡萄酒，基本色调以黄色为主。主要以白葡萄为原料。在白葡萄酒的味道中，酸味是重要要素。（酿制方法参见P184）

3 玫瑰红葡萄酒

色泽介于红葡萄酒和白葡萄酒之间，呈现漂亮的粉色。虽统称为粉色，但色调跨度大，从灰色到橙色、淡红色均有。（酿制方法参见P187）

3 加强葡萄酒
Fortified wine

在酿造的过程中，添加酒精度数在40度以上的白兰地，就会产生酒精度相对较高的葡萄酒，一般情况下酒精度会高于15度，低于22度。它酒性较稳定，可保存较久，以前被作为航海专用饮料。西班牙的雪利酒，葡萄牙的波特酒、马德拉酒，还有法国的VDN（参见P117）等，都是此类酒中的佼佼者。

4 加香葡萄酒
Flavored wine

以葡萄酒为酒基，经浸泡各种香草、果实，或添加甜味料、香精而制成的葡萄酒。它具有一种特殊风味的芳香。在白葡萄酒中，浸泡各种药用植物而成的意大利产苦艾酒（即味美思）最为著名。此外，法国的利蕾、希腊的松香酒、西班牙的桑格里厄等也很知名。

什么是酿酒葡萄

如今，世界上栽培的葡萄种类，主要分为欧洲种葡萄（Vitis Vinifera）和美洲种葡萄（Vitis Labrusca）。

所谓Vitis，是植物分类学上的葡萄属。其中，还有很多"Vitis ○○"种。在这些"种"中，我们通常会把赤霞珠、霞多丽等称为"品种"。

在这两类葡萄中，主要作为酿酒的是欧洲种葡萄。而另一类美洲种葡萄，主要作为鲜食及果汁原料。像我们日常生活中经常食用的巨峰、玫瑰露，都属于鲜食葡萄。

酿酒葡萄的特点是粒小、果皮厚、糖分和酸味的浓缩度强。果皮和果肉之间的糖度最高，同时，果皮的厚度和色泽程度与葡萄酒的风味密切相连。

另一方面，鲜食葡萄粒大、酸味弱、果肉与籽易分离，便于食用。美洲种葡萄还有一种被称为"狐臭"的特有香味（即葡萄汁的香味）。这种味道并不受欧洲人的欢迎，因此不能使用在葡萄酒上。不过仍有少量葡萄酒使用美洲种葡萄。

此外，作为葡萄种，还有嫁接在砧木上的河岸葡萄、砂地葡萄等。

酿酒葡萄和鲜食葡萄的种类不同

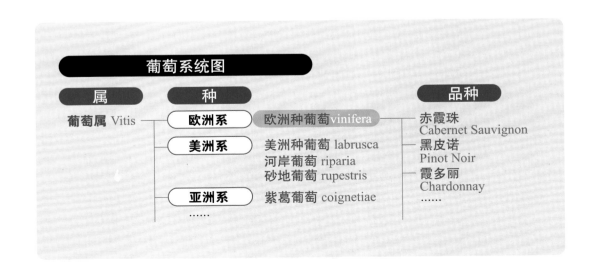

葡萄系统图

属	种	品种
葡萄属 Vitis	欧洲系　欧洲种葡萄 vinifera	赤霞珠 Cabernet Sauvignon
	美洲系　美洲种葡萄 labrusca　河岸葡萄 riparia　砂地葡萄 rupestris	黑皮诺 Pinot Noir
	亚洲系　紫葛葡萄 coignetiae	霞多丽 Chardonnay
	……	……

大家都想知道的
葡萄知识

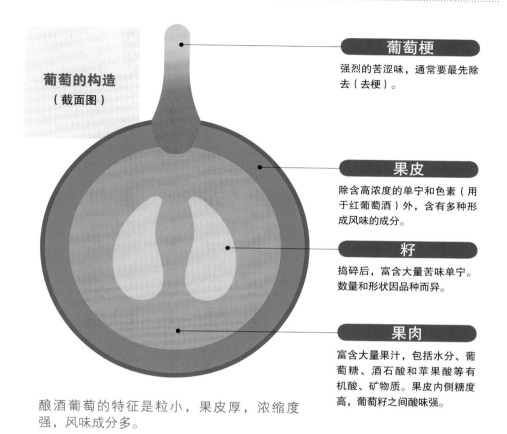

葡萄的构造
（截面图）

葡萄梗
强烈的苦涩味，通常要最先除去（去梗）。

果皮
除含高浓度的单宁和色素（用于红葡萄酒）外，含有多种形成风味的成分。

籽
捣碎后，富含大量苦味单宁。数量和形状因品种而异。

果肉
富含大量果汁，包括水分、葡萄糖、酒石酸和苹果酸等有机酸、矿物质。果皮内侧糖度高，葡萄籽之间酸味强。

酿酒葡萄的特征是粒小，果皮厚，浓缩度强，风味成分多。

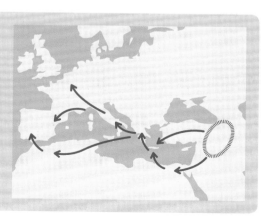

● **葡萄和葡萄酒从何而来**

欧洲种葡萄的祖先，据说是生长在古代东方地域，那时为了酿制葡萄酒而在美索布达米亚栽培了葡萄。随后，葡萄栽培和葡萄酒酿造经过埃及、腓尼基，传到了希腊、罗马、法国南部；经过北非，传到了伊比利亚半岛。之后不久，随着罗马帝国的扩张，传到北欧地区。

通过
葡萄，判断
基本味道

葡萄品种图鉴

了解一下具有代表性的 24 个品种吧

决定葡萄酒味道的要素若干，其中葡萄品种是最根本的要素。如今在世界上，欧洲种葡萄约有1000个品种，其中酿酒葡萄约有100个品种。

比如红葡萄酒专用的代表性葡萄品种赤霞珠，其浓厚的红紫色、醋栗般的香气、强烈的涩味、特有的风味，使葡萄酒在色泽、香气、味道上拥有了属于自己的个性。当然，产地（土壤和气候）和酿制者的差异也会给葡萄酒造成巨大的影响，但品种的个性是最根本的，它是影响味道差异的关键。

基本上，红葡萄酒一般使用果皮为蓝黑色的黑葡萄，而白葡萄酒使用果皮为黄绿色的白葡萄。

**不同品种
有不同个性**

红葡萄酒专用葡萄品种

原则上，红葡萄酒使用果皮为蓝黑色的黑葡萄。

代 表

- 赤霞珠
- 梅尔诺
- 黑皮诺
- 西拉／西拉斯
- 圣祖维斯
- ……

白葡萄酒专用葡萄品种

原则上，白葡萄酒使用果皮为黄绿色的白葡萄，也有灰色、粉色果皮的葡萄。

代 表

- 霞多丽
- 长相思
- 威士莲
- 灰皮诺
- 白诗南
- ……

●别名

在葡萄酒品种的名称中，即使同一品种，在不同的国家和产地，也会有当地固有的名称，这就是别名。譬如Pinot Noir（黑皮诺），还可以叫做Sp・tburgunder（德国）、Pino Nero（意大利）。

※关于主要别名参见P231

赤霞珠
Cabernet Sauvignon

味道浓郁，被世界各地广泛种植的人气品种

原在法国波尔多地区左岸种植并被酿造成知名酿制酒，如今广泛种植，是红葡萄酒专用的代表性品种。喜好排水能力强的沙砾质土壤和温暖干燥的气候，晚熟。具有醋栗和黑莓的香气、丰富的单宁，酿制而成的葡萄酒味道浓厚悠长。同时，酸涩的滋味令人心旷神怡。在波尔多地区，多将梅尔诺和赤霞珠搭配使用。而在美国加利福尼亚和智利等新世界，多以单一品种形式进行酿制。

代表性产地

- 法国波尔多地区的左岸
- 美国加利福尼亚的纳帕、索诺玛
- 智利的中央山谷
- 意大利托斯卡纳地区的保格利
 ⋯⋯

黑皮诺
Pinot Noir

香气度高、酸味宜人，口感细腻，且充满诱惑力的红葡萄酒品种

以法国勃艮第地区为代表，作为红葡萄酒专用知名品种，与赤霞珠形成双壁。喜好寒冷气候和石灰性黏土质土壤，比较难以种植。其色泽明亮澄清，酸味宜人，单宁稳定。以木莓和黑醋栗为首的华丽香气，在熟成的过程越加复杂，令人心情愉悦。以单一品种形式进行酿制，能够微妙地反映出风土条件（土壤和气候风土）的不同，这也是其受欢迎的秘密。

代表性产地

- 法国勃艮第地区的科多尔省
- 新西兰的马丁堡
- 美国的俄勒冈州
- 德国的巴登地区
 ⋯⋯

红葡萄酒专用葡萄品种图鉴

梅尔诺
Merlot

酒体饱满，果味浓郁，口感圆润，充满魅力

原产自法国波尔多地区的黑葡萄品种，是波尔多右岸（庞马洛、圣艾米隆地区）的主要品种。喜好含水性强的黏土质土壤，比赤霞珠成熟时间早。与赤霞珠相比，果粒偏大，果皮薄，单宁柔和。其果味度高，具有洋李子和蓝莓般风味，口感醇厚圆润。在全世界大面积栽培，日本长野县盐尻市一带在该品种的栽培上亦很成功。

代表性产地
- 法国波尔多地区右岸
- 美国加利福尼亚的纳帕和索诺玛
- 意大利的弗留利·威尼斯朱利亚
- 日本长野县盐尻市一带
······

西拉／西拉斯
Syrah/Shiraz

香浓强劲，以辛辣感见长，熟成的魅力亦不容错过

原产自法国北部罗纳河谷地区，喜好温暖而干燥的气候。葡萄酒色泽深红，味道浓郁辛辣。黑果实中夹杂着野性的芬芳，单宁强劲，熟成时间较长。在北部罗纳河谷地区，其酸性深邃优雅，成熟后的魅力更加诱人。在另一代表性产地澳大利亚，也被叫做"西拉斯"，其果味浓缩性强、富有弹性。随着酿造方法的不同，个性也伴有差异。

代表性产地
- 法国北部罗纳河谷地区
- 澳大利亚的巴罗萨谷
- 美国加利福尼亚的帕索罗布尔斯
- 阿根廷的门多萨省
······

圣祖维斯

Sangiovese

酸味浓郁、味道清新，意大利的葡萄品种

在意大利种植面积最大的普通红葡萄酒专用品种，尤其是以托斯卡纳为中心的中央地区。由于易突变，亚种超多，例如基昂蒂葡萄酒使用的"圣祖维斯·皮科洛"，布鲁内罗·蒙塔奇诺葡萄酒使用的"圣祖维斯·格罗索"。其具有洋李子和梅干的酸味，成品果味清新，与单宁保持完美的平衡，口感柔滑。随着酿造方法的不同，葡萄酒的个性也更加广泛。

代表性产地

- 意大利的托斯卡纳
- 意大利的艾米利亚·罗马涅
- 法国的科西嘉岛
- 美国加利福尼亚的部分地区
......

格连纳什

Grenache

在法国南部和西班牙广泛栽培，与其他品种搭配酿制效果更佳

该品种在法国南部和西班牙广泛栽培，喜好温暖干燥气候。在西班牙又被称为"加尔纳什"。其产量高、容易熟成，因此色泽清淡，酿成的葡萄酒缺乏浓缩感，但倘若控制其产量的话，则酿成的葡萄酒果味浓郁、具有浓缩感。在罗纳河谷南部，常与西拉和慕合怀德混合酿制；而在西班牙，常与丹魄混合酿制。在法国南部，该品种也经常用于酿造VDN（参见P117）和玫瑰红葡萄酒。

代表性产地

- 法国南部（包括罗纳河谷南部）
- 西班牙的普里奥拉托
- 西班牙的卡拉塔由
- 澳大利亚的南澳大利亚州
......

红葡萄酒专用葡萄品种图鉴

品丽珠 Cabernet Franc

喜好寒冷气候，口感柔滑，品质优雅

赤霞珠的父系，比赤霞珠轻盈，香气优雅，口感柔滑。风味与赤霞珠相似，色泽较淡，单宁很少。喜好寒冷气候，熟成时间短。在法国卢瓦尔河谷地区作为单一品种酿造，所酿制的葡萄酒具有药草和青草的香气。

代表性产地
- 法国波尔多地区的圣艾米隆
- 法国的卢瓦尔河谷地区

纳比奥罗 Nebbiolo

单宁和酸味饱满，酿制出意大利葡萄酒之王

在意大利北部的皮埃蒙特酿制出了号称意大利葡萄酒之王的巴罗洛、芭芭莱斯科。其属于晚熟品种，含有大量的强劲酸味和单宁、色泽深。经过长期的熟成，产生玫瑰、紫罗兰、松露、雪茄烟等复杂香气，充满魅力。该品种在其他地区很难栽培成功。

代表性产地
- 意大利北部的皮埃蒙特
 （巴罗洛地区、芭芭莱斯科地区等）

丹魄 Tempranillo

酸味惊艳，风味浓郁，西班牙的知名品种

几乎西班牙全部地区均有栽培，堪称品质的典范。其生长较快，但色泽深、适合酿制长期熟成的红葡萄酒。葡萄酒口味丰富多变，具有细腻浓郁的风味、惊艳的酸味、雪茄烟的香气。在里奥哈地区常与加尔纳什混合酿制。

代表性产地
- 西班牙的里奥哈地区
- 西班牙的里贝拉杜罗地区

佳美 Gamay

迷人的香气和果味，清香的博若莱品种

该品种用于酿造勃艮第地区南部的博若莱红葡萄酒。其具有草莓及木莓、紫罗兰等迷人香气，口感柔和，果味清香圆润，几乎没有任何涩味。适合早饮的博若莱新酒非常知名，它具有博若莱10村专属的果味，风味芳醇，魅力十足。

代表性产地 • 法国勃艮第地区博若莱产区

仙粉黛 Zinfandel

熟成的草莓般香气，美国的固有品种

据说与意大利南部的普里米蒂沃源于同一品种，但如今几乎成为美国固有的葡萄品种。具有熟成的草莓般甘甜香气，果味度高、果肉肥厚、单宁温和，伴有辛辣风味，易上口。酿制成的葡萄酒样式多样，其中包括中甜口味的玫瑰红葡萄酒。

代表性产地 • 美国加利福尼亚的门多西诺
• 美国加利福尼亚的赛乐山脉

麝香·蓓蕾玫瑰 Muscat Bailey-A

独特的甘甜果香，日本独有的红葡萄酒品种

有"日本葡萄酒专用品种之父"之称的川上善兵卫，将美洲种葡萄蓓蕾种与欧洲种葡萄汉堡麝香杂交而成的品种。具有个性化的甘甜果香、独特的土香、稳定的香草气，口感柔和，味道亲和。

代表性产地 • 日本新潟县上越市岩之原
• 日本各个葡萄酒产地

白葡萄酒专用葡萄品种图鉴

代表性产地

- 法国的勃艮第地区
- 美国加利福尼亚的索诺玛海岸
- 澳大利亚的亚拉谷
- 南非的斯泰伦博斯

......

霞多丽
Chardonnay

根据产地和酿造者不同，所酿酒表情富于变化，是最受欢迎的白葡萄酒专用品种

该白葡萄酒专用代表性品种原产于法国勃艮第地区，其适应性强，如今在全世界各地均有栽培。它没有品种固有的鲜明风味，反而根据产地的气候和酿造者的不同彰显着非凡的个性。譬如在寒冷产地和温暖产地，热带水果风味和香气的质感会有所改变。所酿酒风味构成缜密、烈性十足，与酒樽（桶）香结合得恰到好处，此时又产生了坚果和香子兰的风味。该品种同时喜好易于产生酸味的寒冷气候。

代表性产地

- 法国卢瓦尔河谷的上游流域
- 法国的波尔多地区
- 新西兰的马尔堡地区
- 意大利的弗留利·威尼斯朱利亚

......

长相思
Sauvignon Blanc

水灵的酸味和柑橘系芳香令人心旷神怡

该品种酿制而成的白葡萄酒清爽宜人。作为单一品种的葡萄酒，在法国卢瓦尔河谷及新西兰等气候比较寒冷的产地非常知名。该葡萄品种具有青草般绿色芳香和柑橘类品种的香气，酸味清爽，浓缩感强。在比较温暖的产地完全成熟后，便会散发出葡萄的果香。所酿酒基本上属于早饮类型。在波尔多地区的长相思多与赛美蓉混合酿制，从而加强了酒体。

威士莲
Riesling

白色的花瓣，蜂蜜香、夹杂水灵的酸气，充满透明感的高贵品种

在德国占据着最重要的位置，在品质上与霞多丽并驾齐驱的白葡萄酒专用高贵品种。白色的花瓣，散发蜂蜜般的纤细感和沁人香气，与充满透明感的清香交杂在一起，别有一番魅力。在熟成的过程中，夹杂着少许石油般独特的香气，可谓"反映着风土条件的一面镜子"，细腻地表现出产地的风土和土壤的矿物质感。从烈性口味至甘甜口味，应有尽有。除德国外，威士莲也多喜好易于产生清爽酸气的寒冷气候。

代表性产地

- 德国的摩泽尔河/莱茵高地区
- 法国的阿尔萨斯地区
- 澳大利亚的瓦豪地区
- 澳大利亚的嘉拉谷

......

白诗南
Chenin Blanc

独特的蜂蜜香和丰裕的酸味，从辛辣口味到贵腐口味应有尽有

品种的个性得以充分发挥的主要产地是法国的卢瓦尔河谷中部流域。可酿制从辛辣口味，至微辣、中甜、甜、极甜、起泡葡萄酒，范围之广，应有尽有。它具有湿润麦秆和蜂蜜般甘甜香气，水灵的丰裕酸味，以及长期熟成的能力。优雅的贵腐葡萄酒伴随着充分的酸味，堪称名品。该品种在美国加利福尼亚和南非也被大量栽培，但主要用于酿制口感轻快的日常葡萄酒。

代表性产地

- 法国的卢瓦尔河谷中部流域
- 南非
- 美国加利福尼亚的中央山谷
- 新西兰

......

白葡萄酒专用葡萄品种图鉴

琼瑶浆
Gewüztraminer

玫瑰和荔枝的华丽香气，喜好寒冷的芳香品种

栽培面积最大的是法国的阿尔萨斯地区，该品种堪称四大高贵品种之一。玫瑰和荔枝的清新华丽香气是其明显的特征。所酿造的葡萄酒酒精和酒体较强、酸味稳定，回味无任何果味，极富个性。另外，通过迟摘或腐化产生的甘甜口味，伴随着微微的苦味，产生沁人心脾般纯净优雅。该品种喜好寒冷气候和黏土质土壤，在意大利北部、澳大利亚等地亦有栽培。

灰皮诺
Pinot Gris

复杂感十足的"灰色"品种，馥郁的酒体和烟熏味

最初是黑皮诺的变种，属于灰色果皮的"灰色"品种，是法国阿尔萨斯地区四大高贵品种之一。倘若控制其产量的话，酿造的葡萄酒便会散发出一种复杂感十足的味道——馥郁的酒体中夹杂着蜂蜜般香气、烟熏味、桃和杏的果香、浓缩的矿物质感及轻微的苦涩味。在意大利被称为"Pinot Grigio"，虽然酿制而成的葡萄酒浓缩度不高，但馥郁度恰到好处，清爽的酸味伴随着微微的苦味。

赛美蓉 Semillon

酿制成优质的贵腐葡萄酒，酒体饱满，具有熟成能力

常用于贵腐葡萄酒。波尔多地区的苏德恩白葡萄酒的专用品种。果皮较薄，容易产生贵腐菌。所酿制的葡萄酒酸味较低、香气淳朴，但酒体浓厚、口味柔和，熟成后口味既复杂又浓烈。作为单一成分的辛辣口味葡萄酒产地，澳大利亚的猎人谷非常知名。

代表性产地 ·法国波尔多地区（甘甜口味、辛辣口味）
·澳大利亚的猎人谷
……

麝香 Muscat

口感水灵清爽，酿制而成的葡萄酒美味甘甜

所谓的"麝香葡萄"，有很多亚种，被称为"小粒麝香"的品种所酿制的葡萄酒尤为高贵。由其酿制的葡萄酒散发出麝香和白色花瓣的香气，口感水灵清爽，如蜂蜜般的甘甜香气和水果的芬芳配合得是那么紧凑，清新的口味油然而生。在阿尔萨斯地区还有烈性口味的麝香葡萄酒。

代表性产地 ·法国罗纳河谷地区的伯姆维尼斯产地
·意大利的皮埃蒙特州阿斯蒂地区
……

慕斯卡德 Muscadet

与鱼贝类搭配饮用，柑橘系香气和酸气十分清爽

该品种主要栽培于法国卢瓦尔河谷河口流域的南特产区。酿制而成的葡萄酒酒体很轻，但有着柠檬般柑橘系的香气，以及洒脱清爽的酸味。配上牡蛎或新鲜的鱼贝类一起食用，则绝妙万分。多采用"死亡酵母法"（参见P186）进行酿制，该制法非常重视新鲜的风味。

代表性产地 ·法国罗纳河谷地区的南特产区
……

白皮诺 Pinot Blanc

灵气十足，用于酿制可轻松上口的烈性葡萄酒及起泡性葡萄酒

该品种是黑皮诺的变异品种。在意大利被称为"Pinot Blanco"，在德国、澳大利亚被称为"Weißburgunder"。其香气稳定，属于早熟类型，酿制而成的烈性白葡萄酒酒体柔和，灵气十足。在澳大利亚亦被酿制成馥郁的贵腐葡萄酒，而在法国阿尔萨斯和意大利则属于起泡性葡萄酒使用的品种。

代表性产地 • 意大利的特伦蒂诺·上阿迪杰
• 澳大利亚的瓦豪地区
......

维奥涅尔 Viognier

杏香、桃香、白色的花瓣香，令人陶醉

产地法国罗纳河谷的孔德里约和格里叶村非常知名。其香气令人陶醉，宛如杏、桃、白色的花瓣、热带水果般。由其酿制而成的葡萄酒酸味稳定，酒体偏重。倘若使用酒樽的话，则又产生了辛辣味。该品种适合干燥、温暖的气候。建议在未熟成时饮用。

代表性产地 • 法国罗纳河谷的孔德里约
• 美国加利福尼亚的百索罗布
......

甲州 Kosyu

具有柑橘般水灵和透明感，日本固有的欧洲种品种

日本固有的欧洲种葡萄酒专用品种。果皮呈粉色，粒大。一直以来，人们皆认为它酸味和果味均不突出，浓缩性差，但近些年来品质得以快速不断地提高。所酿制的葡萄酒在保持清澈的透明感的同时，还有些许苦味，口味纤细，非常适合与和食搭配饮用。

代表性产地 • 日本的山梨县甲州市胜沼

大家都想知道的
葡萄知识
②

长野县林农园（五一葡萄酒）的梅尔诺古木。

● 所谓"老藤"（Vieilles Vignes）

所谓"老藤"，指的是高树龄葡萄树。一般情况下，葡萄树的树龄越高，则产量越低，但葡萄的味道会更加浓厚复杂。随着树龄的提高，葡萄树的根会在土壤中扎得更深，除了自身的生长外，营养主要流向了果实。标签上贴有"Vieilles Vignes"的葡萄酒，则表示该葡萄酒仅由树龄很高的古木上的葡萄酿制而成。其中，以树龄60年左右的葡萄树居多。

倘若标签上贴有"Vieilles Vignes"，则表示该葡萄酒仅由古木上的葡萄酿制而成。

● 所谓"扦插"

葡萄属于遗传不稳定的植物，代际之间容易突然发生变异，因此，在种植时，一般不从种子开始繁殖，而采取从优良葡萄树上剪下树枝作为插穗进行扦插。就这样，与母树具有相同遗传因子的葡萄树得以繁殖，该方法即是"扦插"。黑皮诺通过扦插繁殖，其产量、成熟时间、味道特点等也会发生很大改变，所以，扦插的选优是非常重要的。多数生产者都会采取复数扦插繁殖的方式，这样葡萄酒就会避免得变得单调，同时也会降低全军覆没的风险。

● 所谓"杂交品种"

为了使葡萄品种适应寒冷地区产地的气候，就需要通过人工方式产生杂交品种。杂交时，需要将父系品种的雄蕊花粉授粉在母系品种的雌蕊中。具有代表性的杂义品种有德国的白葡萄米勒·特劳多等。

具有代表性的杂交品种

- 米勒·特劳多（德国）
  威士莲×古特德※

- 麝香·蓓蕾玫瑰（日本）
  蓓蕾×汉堡麝香

- 品乐塔吉（南非）
  黑皮诺×神索

※ 根据近年遗传因子测试，也有观点认为并不是古特德，而是"皇家女孩"。

决定葡萄酒味道的是什么

决定葡萄酒味道的因素有很多，大致有以下四个因素：葡萄品种、风土条件（产地土壤和气候）、酿造者、收获年份。

四大因素是关键

葡萄品种

葡萄酒所使用的葡萄有众多品种，每个品种都有独特的个性。葡萄个性会在葡萄酒中呈现，葡萄不同，葡萄酒的个性也会随之不同。用音乐来打比方的话，即葡萄反映了葡萄酒的"主旋律"。

酿造者

葡萄以及葡萄酒均是农产品，葡萄酒的酿制工作是从农田工作开始的。进一步讲，葡萄成分的提取工作决定了葡萄酒的味道，酿造者的技巧和热情对葡萄酒的影响重大。

决定味道的四大因素

所谓风土条件，即各种产地所特有的土地和气候条件，譬如气温、日照量、降水量等气候因素，以及土壤、地势等土地因素。这些因素不同，葡萄酒的口感和深度也会随之产生差异。

所谓收获年份，即葡萄酒所使用的葡萄的收获年份。该年的日照水平、气温、收获时的天气均会对葡萄产生重要的影响，随之葡萄酒的"表情"也会发生改变。

风土条件

收获年份

❶ 决定葡萄酒味道的因素

葡萄品种

个性的差异出自何处?

葡萄品种,正如大家所了解的那样,是葡萄酒味道的基础。

譬如由赤霞珠酿制的红葡萄酒色泽浓深,而由黑皮诺酿制的红葡萄酒,色泽相对明亮清淡,那是因为果皮的厚度不同,色素量不同。随葡萄品种的个性不同,酿制而成的葡萄酒的个性也不同,这主要反映在颜色和香气、口味上。

那么,每个品种的不同存在于哪些方面呢?主要有以下一些方面:粒的大小,果皮的厚度、色泽、色素量和密度,所含单宁的量及其质量,风味成分的构成,熟成难易度,土壤和气候的适应性等。这些因素不同,将造成所酿制的红葡萄酒的香味、酸味和涩味等性质及口感、糖度和色泽等发生变化。

酿造者当然熟知这一个性,从而了解怎样种植葡萄、怎样培育葡萄、怎样酿制葡萄酒,使其最大限度地发挥优点。优质葡萄酒,需要使各葡萄品种的个性得以充分发挥。

● 所谓"品种酒(Varietal wine)"

"品种"这个词,英语称之"Grape Variety"。所谓"品种酒",指用品种名表示的葡萄酒。在美国等新世界,每个产地的个性并非具有明确的位置,通过标签来表示品种名(即通过此种方式来传达葡萄酒的性质)的葡萄酒居多。

葡萄酒品种产生的不同

请关注这里

色泽 / 色调的不同和浓淡的不同

香气 / 具有何种香气,香气量程度

果味 / 在口中留下的果味感

酸味 / 浓烈还是柔和,酸味量程度

涩味 / 单宁水平和辛辣味程度

……

风土条件

土地和气候 产地的个性

所谓"风土条件"，是指土壤、地势、气候等土地固有的自然环境的总称，它对葡萄的生长产生着重要影响。

更具体地说，风土条件包括气温、降水量、日照量，土壤性质、排水能力、营养成分，土地斜坡角度、方位和标高等。

关于气温，从寒冷土地至温暖土地的变化，葡萄也会变得更加容易熟成，糖度逐渐提高；而寒冷土地中葡萄的酸度更高，烈性较强。此外，果香和果味口感也会从青色柑橘系向热带水果、从红色果实向青色和黑色果实过渡，倘若质感新鲜，则熟成后会产生果子酱般风味。

另外，昼夜温差大是最为理想的。这是因为气温昼夜温差大，可使得白天高温时光合作用制造的大量有机物质和糖分在夜间的消耗减到最少。

光合作用所需的太阳光即日照，当然也是非常重要的。特别是北部产地，如何保证充分的日照是个意义重大的问题。

其次重要的是水分。葡萄在生长和光合作用过程中，水分也非常重要，但并非是水分越多越好。一般认为，葡萄的栽培比较适合水分和营养成分恰到好处的贫瘠土壤。因为土壤太肥沃的话，则葡萄树会侧重于自身的繁茂，而忽略了果实的成熟，果实将得不到充足的养分。此外，葡萄树也不会为了得到必要的水分和营养成分而向地下更深扎根，味道也会随之变得贫乏无味。从果实的浓缩味上来讲，不必要的水分将会稀释成分。

这些当然与土壤、地势条件也有很大的关系。大家常说的"排水能力好就是说明土壤好"正是其原因吧。在北半球地区，朝南的斜坡比较理想，是因为它能够更有效地吸收太阳光线。"斜坡"就同时意味着排水能力强。当然，每个品种都有自己喜好的土壤。为了准确地反映出这种影响，你会发现仅仅间隔一条田间小路的农田之间所产葡萄酿成的葡萄酒味道也有差异。这也是葡萄酒有趣的一点。

风土条件的

主要构成要素和理想条件

气候条件

气温·昼夜温差

气候越温暖，则葡萄越易熟成，糖分增加；反之，气温越寒冷，则酸度越高，风味更加浓烈。为了提高浓缩度，昼夜温差大是最为理想的。

日照量

为了进行光合作用，日照量必须十分充足。北部产地如何确保日照量是非常重要的。

降水量

水分恰好满足生长需要是最为理想的。雨水过多，则葡萄果粒过大、成分被稀释，葡萄会变得缺少浓缩味。

地势和土壤条件

排水能力

适度的水分压力可以使葡萄树的根部深深地扎根于土壤中。此外，也可以让果实的浓缩度得以提高。所以，排水能力强最为理想。

斜坡的角度和方位

太阳光线与地面更接近垂直角度，则会更有利于葡萄有效吸收太阳光。因为方位会影响一天的日照量（在北半球朝南日照量更大）。即使同样的土地，标高不同气温也会有所差异。

地质

石灰岩地质、火山地质、砂砾地质和黏土地质，它们之间的酸度（pH）等土性和构造不同。当然，每个品种喜好的土壤也是不同的。

西班牙安达卢西亚地区赫雷斯的葡萄田。土壤雪白，被称为"白土地"，富含大量石灰成分。适于生长巴洛米诺葡萄，这种白葡萄即为雪利酒的原料。

SANDEMAN
1790 - 1990

酿造者

**最重要的是
农田工作**

葡萄酒品质的90%取决于葡萄。因此，左右葡萄生成的农田工作非常重要。

在农田工作中，突出反映葡萄品质的因素有几个，首先就是"收获量"。为了提高一串葡萄的成分量，使其更具有浓缩感，就应该控制葡萄的收获量。收获量太高，葡萄的熟成度就会下降，风味单调，甚至会有未熟成的味道。但是这并不意味着为了调整葡萄树的生长势头，而可以胡乱降低收获量。

"收获时期"和"收获方法"也很重要。随着葡萄的熟成，伴随糖度的提高，酸度会降低。此外，风味成分的熟成速度也并非会与糖度的提高保持一致。通过分析其平衡度，来判断何时收获也是至关重要的。另外，还要判断机器采摘合适还是手工采摘合适。机器采摘，可以在葡萄完全成熟的时期，一口气全部采摘完毕，不会错过最佳时机。手工采摘既费时又费力，但可以最大限度地不损坏葡萄，挑选到优质佳品。

其次，农田的耕作方式和栽培方法等不同，也会反映在葡萄酒的味道上。

当然，在随后的酿造阶段，如何发挥葡萄酒的个性，对酿造手法和熟成方法的要求也很高。如何从中提取令人陶醉味道便全靠酿造者的技巧了。

酿造者的个性在于以下方面……

收获量	收获时期	酿造方法·熟成方法
倘若提高单位面积的收获量，葡萄将会变得淡而无味，风味匮乏。反之适度控制收获量，葡萄的浓缩感将会提高。	根据葡萄的熟成程度，来判断收获的时间是非常重要的。完全熟成，则酸味会完全消失；看似已熟成，可能其中还没有熟成。此外，高级品种多使用手工采摘方式。	提取葡萄的何种风味成分，打算打造何种风格的葡萄酒，这些不仅仅取决于发酵温度、时间以及用于发酵熟成的容器材质和大小，还包括多种多样的熟成方法。（参照P184）

4 决定葡萄酒味道的因素

收获年份

该年的天气是决定因素

所谓"收获年份"，指的是葡萄酒所使用的葡萄的收获年份。葡萄的长势，进一步讲，葡萄酒的品质，均会受到该年天气的左右。

比如在2003年夏，某产地遭遇历史上首次酷暑，结果葡萄总体上易于熟成，所酿制的葡萄酒散发出一种过于熟成的气息，酒精度数也过高。反之2004年，夏天气温相对较低，结果葡萄的熟成程度不足，葡萄酒欠缺力度，有一种未熟的口感。

除了该年生长期的天气，春季的晚霜（对新芽造成伤害）和收获期的降雨（稀释风味）等突发事件也有可能发生，那么怎样应付这种天气和突发事件呢？如何在这种情况下酿制风味浓郁的葡萄酒，这将取决于酿造者的经验和水平。

一般情况下，波尔多的上等庄园等长期熟成型葡萄酒，更加期待葡萄易于熟成的优质年份。在这种情况下，果味和单宁等多种成分更加浓缩，熟成的魅力更加诱人。但是，倘若打算在未熟成时就饮用，则没有必要纠结于优质年份。即使不是优质年份，一名优秀的酿造者酿造的葡萄酒，也会散发出独有的味道。玩味各种美味也是葡萄酒专有的乐趣。

● 所谓"收获年份图表"

该图表按照生产地的差异表示出每个收获年份的葡萄酒丰收或歉收情况。多数用星星数量（5~1颗）进行评价。不过它只表示一个平均情况，不同酿造者仍有所差异。它主要参照各个地方葡萄酒委员会等相关机构发布的信息。

对收获年份造成影响的因素

■ 晚霜和冰雹 ————
可能会对新芽或果实造成伤害。

■ 开花结果期的低温和多雨 ————
开花延迟导致收获时期的偏差，结实不良，影响坐果率

■ 生长后半期的久雨 ————
容易产生霉类疾病。

■ 夏季的日照和气温、降水量等 ————
冷夏、日照不足、过度干燥等，均会对熟成效果造成不良影响。

■ 收获期的气温和雨水 ————
收获前的雨水，会使果实膨胀，导致储存的成分被稀释。

葡萄酒的味道包括哪些要素

各要素的构成和平衡很重要

构成葡萄酒味道的基本要素，有酸味、甜味、涩味（苦味）、酒精、果味。这里提到的"味道"，指的是"口感"。

其中，酸味和涩味使葡萄酒的味道更加浓缩，赋予了核心味道；酒精、甜味和果味赋予了蓬松感、馥郁感酒体。各种味道之间要保持良好的平衡感，倘若酸味过强，则给人一种轻盈的印象；而果味过强的话，则又给人一种丰满的印象。此外，酸味和涩味分别在白葡萄酒和红葡萄酒中起到了核心作用。就这样，各要素的比重不同构成了丰满酒体的葡萄酒，或轻盈酒体的葡萄酒。

除了各个要素的强弱（量），质也很重要。酸味包括烈性酸味和柔和酸味，涩味包括粗糙涩味和光滑涩味。将这些综合在一起，再去品尝，就能够感觉到该葡萄酒与众不同了。

酸味

葡萄酒不可缺少的要素。特别是白葡萄酒，酸味对核心味道的影响重大。一般来说，在北半球产地越往北，酸味越强烈浓厚；越往南，酸味则越稳重柔和。根据制法的不同，譬如是否进行苹果酸、乳酸发酵（MLF）（参见P188），都会对质感造成影响。

涩味（苦味）

主要来自于单宁。特别是红葡萄酒，涩味对核心味道的影响重大。它使味道更加浓厚，充满复杂感。强弱由品种、产地的气候、酿造方法等决定。葡萄越容易熟成，则涩味越润滑。不同熟成的程度，会给人留下一种不同的柔和印象。

酒精

酒精度用低、中、高来表示。作为味道的构成要素，它赋予了葡萄酒非凡的质感和口感。除了各种精华和单宁，酒精也影响着葡萄酒的核心味道。

各要素的平衡和比重

提到葡萄酒的味道，它不仅要尽力发挥酸味、甜味、涩味、果味、酒精等各要素的个性，还要尽可能保持整体的平衡（协调一致）。各味道比重的不同，造就了葡萄酒的口感不同。

果味

与其说果味属于味觉范畴，不如说它是口和鼻子共同感觉到的风味，也可说是当嘴咬开果实时所感觉到的水果香气。作为味道的构成要素，果味影响着葡萄酒的饱满度、丰盈度。

甜味

葡萄中蕴含的糖分通过发酵转化为酒精，而未进行发酵被残留的糖分（残糖）构成了甜味。红葡萄酒主要是辛辣口味，而白葡萄酒则包含了辛辣口味至甘甜口味，范围极广。

葡萄酒香气的多样性

果香

果香在受到品种影响的同时，随着产地自寒冷地域向温暖地域延伸，白葡萄酒的果香会由酸味较强的柑橘系果香变化为热带水果香，红葡萄酒则会从红果实果香变化为黑果实果香，给人留下的印象也会从新鲜水果风味变化为糖浆水果或果子酱风味。

白葡萄酒中经常提到的

酸橙、柠檬、葡萄柚、青苹果、洋梨、木梨、白桃、黄桃、杏、荔枝、菠萝、芒果、番木瓜

红葡萄酒中经常提到的

红醋栗、木莓、草莓、樱桃、蓝莓、醋栗、洋李、梅干、黑樱桃、黑莓

实际上，葡萄酒中充满着缤纷多样的香气。葡萄酒的味道就是香气的大集合。香气的魅力，在于毫无修饰地表现着葡萄酒的魅力。在这里，我们将葡萄酒的香气划分为若干种类，将经常提到的表现进行一一列举，以此向您传达葡萄酒的香气。希望通过这些描述，您可以勾画出一幅专属于自己的香气地图。

烟熏味和烤肉香

来自于酒樽（烧制程度）、发酵、品种、土壤。

果仁、杏仁、烤肉、可可豆、咖啡、巧克力、烤面包、奶油面包

花香

花香主要体现在未熟成的葡萄酒上。未熟成白葡萄酒主要散发白色花的香气，而红葡萄酒则既拥有花的香气，同时还有如蜂蜜般的香气。

白葡萄酒中经常提到的

茉莉、洋槐、洋山楂、橘色花、菩提树、金银花、蜂蜜、蜂蜡

红葡萄酒中经常提到的

玫瑰、紫罗兰、野玫瑰

植物和药草味、香料味

香料的香气来源于酒樽和葡萄籽。药草味包括新鲜药草味和干涩药草味。根据葡萄的熟成程度和产地的寒暖气候、品种等，这种味道会发生改变。

香料味

白胡椒、黑胡椒、香草、丁香、桂皮、甘草、肉果、茴香、椰子奶

植物和药草味

香草、醋栗芽、青椒、芦笋、橄榄、松香、薄荷、桉树、柠檬草、百里香、甘菊、迷迭香

● 如何感觉葡萄酒的香气?

实际上有两条路径可以感觉到葡萄酒的香气。一条是通过鼻子，而另一条是通过嘴巴。由于嘴巴与鼻子通过"后鼻道"连接在一起，所以当葡萄酒含入口中时，口中就能感觉到散发出一股香气。在品尝中，这种印象很深，譬如将葡萄酒含于口中，就会有空气"嗖嗖"沁人心扉的感觉。

矿物感及其他

主要来源于土壤。寒冷产地的白葡萄酒尤为明显。香气纤细。

碘、铁、石油、砚、打火石、铅笔芯、灰以及其他

● 香气的分类

根据葡萄酒香气的来源，可将香味大致分为三类。

1级香气

来源于葡萄本身的香气。例如麝香，一部分红色系、黑色系果实的果香，青草香等。

2级香气

发酵时产生的香气。例如清新水果的所有香味、白色花的香味、药草香等。

3级香气

来源于酒樽熟成与瓶内熟成的香气。例如枯叶、腐叶土、菌类、松露、鞣皮、咖啡等香气。

动物及土壤、菌类香等

赋予葡萄酒复杂感的香气。来源于酿造和酵母（蛋白质）等，或熟成的过程中。

动物

麝香、野禽类、生肉、猫尿、马汗、黄油、乳制品

土壤、菌类等

湿地、腐叶地、蘑菇、松露、枯叶、红茶、烟草、雪茄等

什么是"葡萄酒法律"

欧洲**葡萄酒**法律主张原产地主义

起源于法国的欧洲葡萄酒法律，旨在向消费者表明葡萄酒的出处，以此保护优良葡萄酒的品质和产地。通过葡萄酒法律，各产地之间的界线被明确划分，为了达到某产地的品质基准，所使用的葡萄品质、最大收获量、栽培方法、酿造方法等严格限制。该制度的基本形式就是法国的"原产地控制制度（AOC）"。

在1935年以前，法国还没有制定葡萄酒法律。那时，酿造劣质葡萄酒的生产商横行霸道，他们打着知名产地的旗号，却在其他产地酿制葡萄酒；即使真的在知名产地，他们使用的也是品质低劣的品种，大量生产着劣质葡萄酒。于是，为了禁止这类事情继续发生，法国制定了葡萄酒法律。这项法律规定，"冠以某产地名称的葡萄酒，必须产自于该产地""由于冠以某产地名称，所以至少要达到该产地葡萄酒的品质的标准"。

既然冠以某产地之名，某产地的葡萄酒就要反映出该"产地的个性（风土条件）"。

如今，欧洲主要葡萄酒生产国的葡萄酒法律，仍遵循最原始的基准，虽然细节上有所不同，但拥有共通的框架结构。它将葡萄酒大致分为"指定地域优良葡萄酒"和"日常消费餐桌葡萄酒"这两种品质等级，另外将每种又进一步划分为两种。而处于最上层即是"原产地控制制度"葡萄酒（德国葡萄酒法律参见P155，意大利葡萄酒法律参见P151）。

欧洲葡萄酒法律的宗旨

想法	葡萄酒应反映出产地的个性（风土条件）。
目的	保护优良葡萄酒的品质和产地。

▼

产自于该产地
可以冠以产地之名（葡萄酒名） → 满足该产地的标准

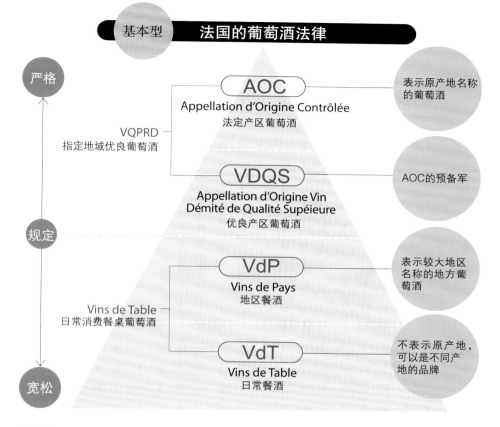

基本型 法国的葡萄酒法律

严格

规定

宽松

VQPRD
指定地域优良葡萄酒

Vins de Table
日常消费餐桌葡萄酒

AOC
Appellation d'Origine Contrôlée
法定产区葡萄酒

VDQS
Appellation d'Origine Vin
Démité de Qualité Supéieure
优良产区葡萄酒

VdP
Vins de Pays
地区餐酒

VdT
Vins de Table
日常餐酒

表示原产地名称
的葡萄酒

AOC的预备军

表示较大地区
名称的地方葡
萄酒

不表示原产地，
可以是不同产
地的品牌

标签标记实例

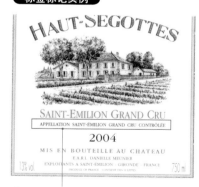

该处即是AOC标记
中间的部分"SAINT-ÉMILION GRAND
CRU"即是AOC名（原产地名），它可
以作为葡萄酒名原封不动地标记在标签
上，以此表示该葡萄酒是波尔多地区圣
艾米隆产区的特级葡萄酒。

四大品质等级和AOC

　　大致可以分为四大等级，其中越往下，规定越宽
松；越往上，对使用的葡萄酒品种、最大收获量、最低
酒精度数、栽培方法、酿造方法等规定越严格。

　　下面的两个级别属于"日常消费餐桌葡萄酒"。日
常餐酒可以不表示原产地，也可以是不同产地的品牌。
而地区餐酒是表示较大地区名称的地方葡萄酒。

　　上面的两个级别属于"指定地域优良葡萄酒"。
VDQS是AOC的预备军，最上面的AOC，就是法定产
区葡萄酒。

　　标签用"Appellation ○○○○ Contrôlée"表示，
○○○○是AOC名，此外，各地区AOC也分为等级，
产地限制得越严格，则规定得也越严谨，只有这样，才
更能体现出产地的个性，成为高级葡萄酒。

43

欧洲的葡萄酒法律非常重视"产地的个性""优质葡萄酒=优质风土条件的葡萄酒"。以此为前提,在葡萄酒酿制的悠久历史中,"产地的个性"和"适宜的品种"一直占有举足轻重的地位。

与此相对,在美国和澳大利亚等新世界,正如所称呼那样,一切还很"新"。作为产地的可能性还在不断地摸索过程中,适合每个地域的品种和栽培方法的地位还没有确立。如此看来,新世界确立葡萄酒法律的前提与欧洲完全不同,因此葡萄酒法律的类型也是不同的。

那么在新世界的葡萄酒法律和葡萄酒品质分类中,什么是关键呢?答案是"品种"。当葡萄酒名称冠以产地之名时,人们仍不清楚这是一种什么样的葡萄酒,与此相对,当使用优质葡萄时,倘若将葡萄名称体现在标签上,人们就会轻易了解到该葡萄酒的味道。这就是"用品种名称表示的葡萄酒"。同时,新世界还制定了标签标记规定和葡萄酒法律。

以美国为例,葡萄酒分为用品种名标记的葡萄酒"单一品种葡萄酒"(所示品种的含量必须在75%以上)和不标记品种名的"原产地类型葡萄酒"(不表示品种名的日常葡萄酒),而前者处于上级位置。此外,还有一种"专属葡萄酒",在法律上,它属于"原产地类型葡萄酒",但是标记的却是酿造厂独有的名称,其中不乏有许多高品质的混合葡萄酒。

标签标记实例

该处即是品种名
表示用"霞多丽"酿制而成的葡萄酒,它在葡萄酒名称中占据着重要的位置。

新世界型 美国的葡萄酒法律

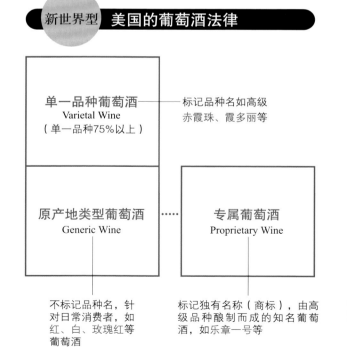

单一品种葡萄酒
Varietal Wine
(单一品种75%以上)
—— 标记品种名如高级赤霞珠、霞多丽等

原产地类型葡萄酒
Generic Wine

专属葡萄酒
Proprietary Wine

不标记品种名,针对日常消费者,如红、白、玫瑰红等葡萄酒

标记独有名称(商标),由高级品种酿制而成的知名葡萄酒,如乐章一号等

● **美国的地理性标记AVA**
美国根据本国葡萄酒发展的实际情况,制定了保护原产地名称的AVA制度。该制度规定了葡萄酒产地的分界线,但没有限定品种和酿造方法等,生产者可以在自己的区域自由地酿制葡萄酒。

第一章 值得亲身体验的葡萄酒讲座

葡萄酒的魅力在于其有多种多样的
类型和个性，可以让人尽情享受。
在这里，我们将大家有可能感兴趣
的葡萄酒，分为13个小节——为大
家介绍，让您切身感受到它们的个
性和意境。

了解一下种类缤纷的葡萄酒的魅力吧
值得亲身体验的葡萄酒讲座
阅 读 方 法

正如前面所述，葡萄酒拥有缤纷多彩的个性、各种各样的风格。将其整理后，了解葡萄酒各种各样的魅力，对葡萄酒的理解和兴趣也会不断加深。譬如波尔多地区具有代表性的混合葡萄酒、能明确感受到土地个性的勃艮第地区单一品种葡萄酒，具有果实的浓缩感和馥郁感的南部葡萄酒、酸味生动水灵的北部葡萄酒，还有玫瑰红葡萄酒、起泡葡萄酒、贵腐（甘甜）葡萄酒……在这里，为了能让大家亲身体验并理解到葡萄酒个性的差异，我们根据代表性产地，将葡萄酒分为13种风格，介绍了值得亲身体验的葡萄酒，你从哪里读起都OK。请在享受其中乐趣的同时，开拓属于自己的葡萄酒世界吧。

各讲座的构成和读法

首先是魅力的整体映像

在最初横跨左右两页的版面上，分别是该风格代表性葡萄酒的特征和值得推荐的要点解说。同时，还附有该产地葡萄田的照片。

值得分享的要点解说

所使用的葡萄品种、产地和制法特征等，这些要点对进一步感受葡萄酒的魅力非常有意义。

亲身品尝后才知道其魅力

为了感受到葡萄酒的个性和魅力，当然品尝是最直接有效的方法。为此，我们选取了值得推荐的款项，并附有品尝评语，让您充分感悟到其魅力。

从任何一款开始品尝均OK

13种风格的葡萄酒讲座汇总

波尔多的红葡萄酒 1
酒体偏重的佳酿红葡萄酒
将数种葡萄混合后酿制而成
→P48

卢瓦尔河谷的甘甜葡萄酒 8
上等的甘甜和酸气
非常适合与甜点等食物搭配的贵腐葡萄酒
→P96

勃艮第 2
风土条件的魅力被发挥得淋漓尽致的
单一品种葡萄酒
→P56

德国的葡萄酒 9
用迄今为止的常识已解释不通
产生于北方的优雅力度
→P102

法国南部罗纳河谷 3
强劲与柔和相交融，具有熟成的果实
浓缩感和馥郁感的优雅葡萄酒
→P64

意大利的葡萄酒 10
令人瞩目的品种众多
倍增就餐乐趣的多彩风格
→P108

阿尔萨斯 4
极其美味
具有生动的酸气和清爽感
→P70

雪利和酒精强化葡萄酒 11
饮用一点即能感觉得到它的强烈
适合从餐前到食用甜点期间慢慢饮用
→P114

香槟酒 5
巧妙的调配与瓶内二次发酵产生
佳酿的艺术
→P76

新世界的国际品种葡萄酒 12
得益于新的风土条件
呈现出多种风情的新世界品种
→P120

普罗旺斯的玫瑰红葡萄酒 6
适合在太阳底下饮用
可轻松引起食欲的美味葡萄酒
→P84

日本的甲州 13
具有透明感，与日本料理相得益彰
彰显着日本本土风范
→P130

卢瓦尔河谷的白葡萄酒 7
在寒冷气候和土壤中酝酿而成
可轻松体验到优质酸味和矿物质感
→P90

※本章中推荐葡萄酒的价格是经销处的期望销售价格或店面参考价格（货币单位为日元，含消费税）。价格有发生变化的可能。

王道姿态

波尔多的红葡萄酒

［关键词］

庄园 / 混合

↓

酒体偏重的佳酿红葡萄酒
将数种葡萄混合后酿制而成

波尔多

大西洋

吉龙德河

梅多克

奥梅多克

庞马洛

圣艾米隆

波尔多

多尔多涅河

格拉夫

两海之间

苏特恩

加龙河

锡龙河

广域地图参见P139

波尔多位于法国东南部，与勃艮第形成双壁，自古以来就是法国的代表性佳酿地。该地区的红葡萄酒味道浓厚、芳醇、余香绵长。其中还夹杂着浓郁的果味和香味以及令人愉悦的涩味，堪称世界红葡萄酒的典范。

产生该味道的主体有赤霞珠、梅尔诺、品丽珠。如今这些品种在世界各地均有栽培。赤霞珠果味强劲有力、属于长期熟成型，梅尔诺果味浓郁，品丽珠

君岛的推荐要点

* 芳醇与余香并存、单宁令人愉悦
* 众望所归，熟成亦充满魅力

果味与酸味、香味等各要素集成一体，味道芳醇饱满、单宁令人愉悦。每个庄园的风格均不同，但每个风格都不会令大家失望。在一定程度上来讲，品尝到波尔多葡萄酒后，才会了解到它的风格。此外，上等品的熟成魅力也令人心旷神怡。

位于波尔多地区吉龙德河左岸菩依乐村的拉图庄园和葡萄田。

香气十足，每个品种都有属于自己的魅力。此外，波尔多的红葡萄酒最大的特点不是单一品种葡萄酿制，而是将多品种葡萄进行混酿。波尔多风格在于——它不仅仅充分发掘出主角品种的风味，还保持着各成分之间绝妙的平衡。葡萄酒被赋予了厚重感和复杂感，与单宁配合得恰到好处，十分适合与脂肪含量高的肉食搭配饮用。

　　葡萄的混合比例是不容忽视的，而决定其比重的就是各个庄园，这也是各个庄园个性的一种体现吧。所谓"庄园"，就是在自家农田上栽培葡萄，并且使用该葡萄来酿制葡萄酒。在波尔多地区，很多生产者都拥有大面积土地，可以打造成多品种葡萄田。同时，随着各地域土质的不同，成为主角的品种也不同。其中，各庄园可以对栽种葡萄的品种比例进行调整，打造出独有的风味（个性）。此外，葡萄每年的长势均不同，各庄园可以对产量进行合适的调整，以此保证风味的稳定。葡萄酒的高稳定性和高完成度也称得上是波尔多的魅力吧。

赤霞珠、梅尔诺，谁才是主角
红葡萄酒的葡萄品种

波尔多处于两大河流交汇之处，各流域和丘陵上下土壤不同，分别种植着适合各产地的品种。排水性能好的砂砾土质种植赤霞珠，而含水性能好的黏土质种植梅尔诺。这两大品种在土壤、味道上正好互相补充，均是各地区的主要品种，也是混合品种的主要组成部分。品丽珠在少数产区也是主角。另外，马尔白克、小味尔多等常作为辅助品种被使用。

● 赤霞珠
Cabernet Sauvignon

喜好排水能力强的沙砾质土壤、晚熟。波尔多左岸（梅多克地区、格拉夫地区）的主角品种，具有醋栗和黑莓的香气，色泽深，单宁丰富，味道浓厚，同时酸涩的滋味令人心旷神怡。

● 梅尔诺
Merlot

喜好湿润的黏土质土壤，在波尔多地区属于最为早熟的品种，也是右岸（圣艾米隆产区、庞马洛产区）的主要品种。其酸味稳重，单宁浓郁柔和，具有洋李子般风味，果味醇厚圆润。

其他
Petit Verdo, Malbec

作为辅助品种被使用的有马尔白克、小味尔多等。例如小味尔多，它具有浓烈的单宁和香气，使风味更加优雅。

● 品丽珠
Cabernet Franc

适合寒冷气候，在波尔多地区主要担任配角，而在圣艾米隆产区也会担任主角。风味与赤霞珠相似，单宁很少，品质优雅，果味浓郁，青草香气宜人。

Bordeaux 要点②

大致可以分为两大区域
右岸和左岸

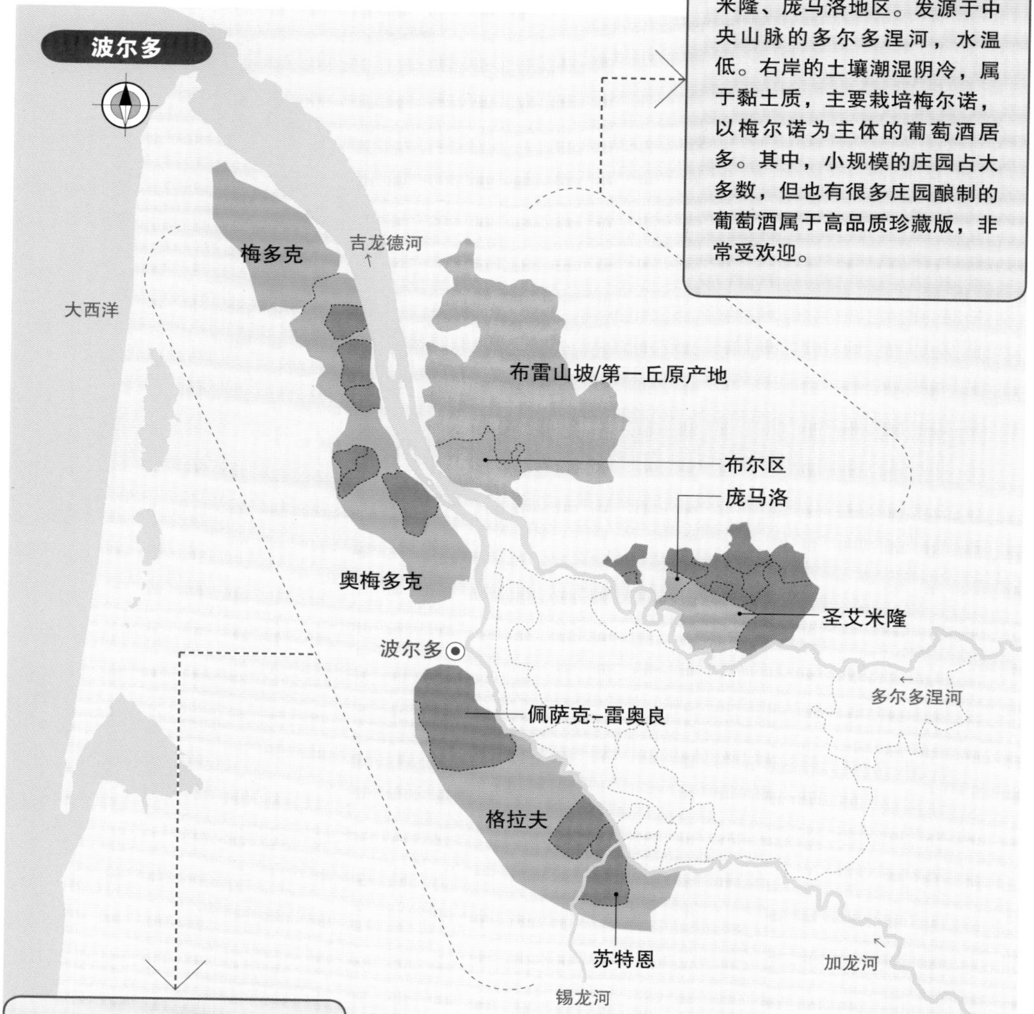

波尔多

大西洋

梅多克

吉龙德河

布雷山坡/第一丘原产地

布尔区
庞马洛

奥梅多克

圣艾米隆

波尔多 ⊙

佩萨克–雷奥良

多尔多涅河

格拉夫

加龙河

苏特恩

锡龙河

"右岸" 的特征

主要指多尔多涅河右岸的圣艾米隆、庞马洛地区。发源于中央山脉的多尔多涅河，水温低。右岸的土壤潮湿阴冷，属于黏土质，主要栽培梅尔诺，以梅尔诺为主体的葡萄酒居多。其中，小规模的庄园占大多数，但也有很多庄园酿制的葡萄酒属于高品质珍藏版，非常受欢迎。

"左岸" 的特征

主要指多尔多涅河左岸的波尔多地区、格拉夫地区。自南方而来的加龙河将砂砾堆积在一起，形成了排水性能较强的土壤，非常适合赤霞珠的生长。波尔多五大庄园（P53）全部位于左岸的梅多克，大规模庄园也很多。

在了解了波尔多的主要产区后，需要进一步了解的关键词是"右岸和左岸"。通常，以河流的走向为方向，右侧称为"右岸"，左侧则称为"左岸"。在波尔多，右岸指多尔多涅河右岸的圣艾米隆地区和庞马洛地区，左岸主要指加龙河、吉龙德河左岸的梅多克地区和格拉夫地区。两岸的沉积物成分不同，因此，右岸与左岸的葡萄品种也各有特点，这些区别自然也体现在葡萄酒的特色上。

波尔多地区的大规模生产者较多
Bordeaux 要点③

庄园

在波尔多，过半生产者被称为"庄园"。他们使用自家农田栽培的葡萄在自家公司进行葡萄酒酿制工作。"庄园"最原始的意思是"城、城馆"。波尔多生产者的特征就是拥有大面积土地的大规模的较多，这与勃艮第的独立酒庄（参见P59）形成了鲜明的对比。被冠以庄园名的葡萄酒是该庄园的最上等葡萄酒。在大多数情况下，庄园也会使用未达到标准的幼树葡萄来酿制"副牌酒"。推荐大家品尝一下副牌酒的味道。

超级副牌酒庄园

所谓"超级副牌酒庄园"，指的是梅多克等级庄园中，等级在2级以下，但如今品质已经完全接近1级庄园的庄园。近年来，1级庄园的葡萄酒价格显著提高。推荐大家一些副牌酒庄园，大家有时间可以去感受一下。

爱士图尔庄园
Ch.Cos-d'Estournel
（等级2级，圣爱斯泰夫）

碧尚拉龙庄园
Ch.Pichon Longueville-Comtesse de Lalande
（等级2级，菩依乐）

雄狮庄园
Ch.Léville-Las Cases
（等级2级，圣爱斯泰夫）

宝嘉龙庄园
Ch.Ducru-Beaucaillou
（等级2级，圣爱斯泰夫）

宝马庄园
Ch.Palmer
（等级3级，玛歌）

靓茨伯庄园
Ch.Lynsh-Bages
（等级5级，菩依乐）

波尔多专属的排列次序
等级

与AOC（参见P42）的规定不尽相同，波尔多的梅多克、苏特恩、格拉夫、圣艾米隆等地区，使用庄园正式等级制度。该制度源于1855年的巴黎万博会。当时，根据拿破仑三世的要求，波尔多工商会议所制定的梅多克地区和苏特恩地区的等级制度开始执行。以梅多克地区为例，在众多的庄园中选出60个庄园作为特级庄园（Grand Cru），然后再将它们分为1~5级。被称为五大庄园的1级庄园，它们的地位至今仍无法动摇。梅多克的等级，除了部分葡萄酒外，迄今150余年几乎没有任何改变。因此，如今也有一些庄园的葡萄酒并未达到所在的等级。

梅多克地区的等级
(Grands Crus)

等级	级别名称
1级	**Premiers Crands Crus**
	拉菲庄园
	拉图庄园
	武当王庄园※
	玛歌庄园
	（红颜容庄园※※）
2级	**Deuxièes Grands Crus**
	爱士图尔庄园
	其他共14个庄园
3级	**Troisièes Grands Crus**
	拉格喜庄园
	其他共14个庄园
4级	**Quatrièes Grands Crus**
	龙船庄园
	其他 共10个庄园
5级	**Cinquièes Grands Crus**
	靓茨伯庄园
	其他 共18个庄园

※ 1973年由2级升格成1级，也称为木桐庄园

※※ 红颜容庄园是格拉夫地区的庄园。在1855年的等级排序中，唯一一个从梅多克以外地区选出的庄园

所谓"波尔多五大庄园"

拉菲庄园
Ch. Lafite-Rothschild
1级庄园之首，拥有者是法系Rothschild（罗斯柴尔德）家族。该庄园的葡萄酒芳醇又强劲的味道中还隐藏着细腻的口感，优雅完美，独树一帜。

玛歌庄园
Ch. Margaux
该庄园葡萄酒因风格优美芳醇，被称为"葡萄酒女王"。20世纪70年代时曾一度低迷，如今在Mentzelopoulos（门特尔普洛斯）家族管理下，又获得了重生。该庄园的葡萄酒力度较强。

拉图庄园
Ch. Latour
在五大酒庄中，拉图酒庄的葡萄酒最强劲雄壮、浓郁醇厚，具有非常强的陈年潜力，被称为"雄性"的顶峰。近年来，浓郁风味之中所蕴含的果味浓缩感在不断加强。

武当王庄园
Ch. Mouton-Rothschild
武当王庄园每年都会聘请超一流画家创作酒标，拥有者是英系Rothschild（罗斯柴尔德）家族。该庄园的葡萄酒浓厚柔和。它推翻了1855年的等级，于1973年成为唯一一个从2级升为1级的庄园。

红颜容庄园
Ch. Haut-Brion
该庄园是1855年波尔多庄园分级制度中，历史最悠久的顶级酒庄之一，也是唯一一个格拉夫地区选出的庄园。该庄园的葡萄酒味道浓郁温和，又散发着雪茄和香料等种种香气。

诠释"波尔多红葡萄酒"魅力的4款酒

左岸

Goulée Rouge / Château Cos d'Estournel

爱士图尔庄园

由实力派庄园打造
波尔多的新风格

推荐理由

使用梅多克北部近海农田的葡萄，由爱士图尔庄园打造的新世界风格的波尔多葡萄酒。其果味浓烈且纤细，达到完美的平衡。几乎任何人都能接受该种味道。

色：深石榴石色中夹杂着少许紫色。

香：黑色系果实浓缩而成的酸味，轻微的香子兰香气，以及酒樽香气。

味：单宁完美融合，味道干练，不过于浓烈，恰到好处，余味绵长。

料：所有意大利料理等。

Data
产地 / 梅多克产区
品种 / 赤霞珠80%，梅尔诺20%
收获年份 / 2004　参考价格 / ￥7350

左岸

Château Cos d'Estournel

古利庄园/爱士图尔庄园

浓厚馥郁、余味绵长
超级副牌风格

推荐理由

产自梅多克等级2级庄园之首。具有熟成的果味，浓厚润滑，香气复杂，余味绵长。纯正的波尔多风格。醒酒后更能感受到它的魅力。

色：深石榴石色。黏性十足。

香：醋栗、洋李子等熟成黑色系果实酸味。各种黑色系香料味、些许鞣皮味。浓缩感强，需要醒酒。

味：冲击力强，却很柔和，单宁恰到好处，余味悠长。陈年潜力强。

料：地道的法式调味肉料理等。

Data
产地 / 梅多克地区圣爱斯泰夫
品种 / 赤霞珠38%，梅尔诺38%，品丽珠13%，小味尔多11%
收获年份 / 2002　参考价格 / ￥21000

色：色泽　**香**：香味　**味**：味道　**料**：搭配料理

第一章 值得亲身体验的葡萄酒讲座

右岸

Château Haut Segottes

花堡副牌／花堡庄园

右岸

Pensés de Lafleur / Château Lafleur

奥斯吉庄园

味道润滑自然
纯正圣艾米隆风味

推荐理由

膨胀感并不强烈，具有矿物质感，酸味十足，味道简单润滑。平衡感强，适合就餐时饮用。纯正的圣艾米隆风味中散发着品丽珠的美妙。性价比高。

色：明亮的石榴石色，黏性十足。

香：未熟成过头的果实和洋李子、蔬菜的香气，清淡的黑色系香料和洋蘑菇、生肉的香气，少许酒樽香气。

味：冲击力柔和，平衡感强。适合口干时，配合料理饮用。

料：优质牛肉、油封鸡肝等。

Data

产地 / 圣艾米隆产区	
品种 / 梅尔诺60%，品丽珠40%	
收获年份 / 2004　参考价格 / ￥4452	

熟成的洋李子和花朵、土壤的香气
由花堡打造的副牌葡萄酒

推荐理由

右岸庞马洛的代表等级之一——花堡庄园打造的副牌葡萄酒。其柔顺甜美，花朵与熟成的洋李子的香气、土壤与松露的香气完全融为一体。传达着与左岸截然相反的波尔多魅力。

色：石榴石色中夹杂着绿色和少许橙色。

香：土壤香气和红色系熟成的洋李子香气，花朵、果实、土壤、松露、胡椒等香气浑然一体。

味：单宁的冲击力强，但很柔和、令人心旷神怡，余味绵长。味道浓烈但轻快，非常优雅。

料：牛脊肉再配上黑松露等。

Data

产地 / 庞马洛产区	
品种 / 梅尔诺50%，品丽珠50%	
收获年份 / 1999　参考价格 / ￥15540	

品尝"风土条件"的葡萄酒

勃艮第

［关键词］

单一品种 / 风土条件

↓

风土条件的魅力被发挥得
淋漓尽致的单一品种葡萄酒

　　如果说波尔多葡萄酒芳醇的风格韵味能打动人心，勃艮第葡萄酒则属于那种能够直接给人以感官冲击，同时又香气迷人、质感柔和、高贵优雅的葡萄酒。而且，这种香气和味道，毫无修饰地反映出了该地专有的"风土条件"。

　　所谓"风土条件"，表示农田土壤和地势、气候等土地固有的自然环境的总称，它会对葡萄的生长产生重要影响。勃艮第地区，位于法国中部略偏东，绵延长约300km，地形以丘陵为主，气候整体寒冷。其中，葡萄田分布

广域地图参见P139

君岛的推荐要点

＊感受到风土条件的高雅香气
＊优雅、柔和、感官冲击

勃艮第地区的葡萄酒吸取了黑皮诺和霞多丽这两种单一品种的精华，再加上得天独厚的风土条件，散发着各个农田的香气，魅力十足。它们不仅强劲有力，而且优质上乘，味道优雅且给人以感官上的冲击。但是，勃艮第地区仍存在一些瑕疵葡萄酒，因此酿造者的选择是非常重要的。

位于夜丘地区哲维瑞·香贝丹村的特级田香贝丹·贝日庄园。

在勃艮第地区的东侧斜坡上。特别值得一提的是它的土壤。该地土壤以石灰岩和泥灰岩为主，地质活动产生的断层使其更加复杂，富于变化。正是托土壤的福，该地产出的葡萄能产生一种其他地区所没有的卓越味道。另一方面，也形成了与相邻区域完全不同的个性，甚至仅仅间隔一条田间小路，葡萄的个性也大相径庭。

其中，黑皮诺和霞多丽这两个葡萄品种可以完美地诠释该风土条件的魅力。勃艮第地区的红葡萄酒基本上用黑皮诺（除博若莱产区）酿制，白葡萄酒用霞多丽这种单一品种酿制。两品种的个性均十分精彩。这与该地的风土条件是密不可分的，而纤细的土壤特征也起着重要的作用。黑皮诺，具有明透清亮的色泽、洒脱的酸味、诱人的果味和滑润的质感。随着气候和酿制因素的不同，霞多丽所酿制的葡萄酒呈现出丰富多彩的表情、复杂的构造，以及悠久绵长的余味。但是，由该单一品种酿制而成的葡萄酒，会受到农田条件和该年气候以及酿造者的影响，收成的波动幅度也很大。这也是勃艮第葡萄酒标志性的特点。

最上乘的葡萄酒名称即是农田名称

AOC等级结构和农田

曾经听说过"罗曼尼康帝"这种葡萄酒的名字吧，其实这是农田的名字。它是由勃艮第地区夜丘产区沃恩·罗曼尼村罗曼尼康帝特级田的葡萄打造而成的优质葡萄酒。勃艮第地区的AOC超过100个，如图所示，共分为5个等级。地区名→产区名→村名→一级田（村名的上级类型繁多）→特级田，等级越往上，则对栽培区域和生产条件的限定越加严格。勃艮第地区为了呼应该等级结构，对所有农田均进行了等级划分。换而言之，特级田要拥有酿制最高级葡萄酒的风土条件，只有这样，农田的名称才能成为葡萄酒的名称。

勃艮第AOC等级图

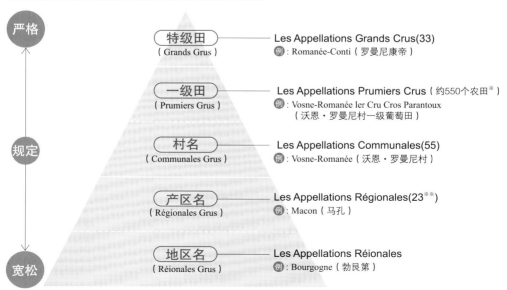

严格

特级田
（Grands Grus）
—— Les Appellations Grands Crus(33)
例：Romanée-Conti（罗曼尼康帝）

一级田
（Prumiers Grus）
—— Les Appellations Prumiers Crus（约550个农田※）
例：Vosne-Romanée ler Cru Cros Parantoux
（沃恩·罗曼尼村一级葡萄田）

村名
（Communales Grus）
—— Les Appellations Communales(55)
例：Vosne-Romanée（沃恩·罗曼尼村）

规定

产区名
（Régionales Grus）
—— Les Appellations Régionales(23※※)
例：Macon（马孔）

地区名
（Réionales Grus）
—— Les Appellations Réionales
例：Bourgogne（勃艮第）

宽松

越往上，则对栽培区域的限制和规定越加严格。5个等级中，一级田作为一个范畴，包含于村名、产区名、地区名之中。括号内表示AOC数目。

※ 作为AOC，因包含于村名之中，所以这里表示农田的数量
※※包含产区名和地区名的AOC数量

伯恩丘产区莫尔索村的葡萄田

在勃艮第，为什么生产者很重要

在勃艮第，通常情况下，一片农田的所有权会被进行详细划分，被多家农户和生产者拥有。因此，葡萄酒的名称（农田名称=风土条件）即使相同，因为有多个生产者，酿制而成的品质和风格也会不一样。而与此相对，也有的农田被一个生产者独自占有，这种农田被称为"独占园"。具有代表性的有罗曼尼康帝（罗曼尼康帝独立庄园公司所有）等。

Bourgogne
要点
②

差异在于是否需要进行农田工作
独立酒庄和酒商

说到葡萄酒的酿制过程，主要可以分为两个部分，一个是栽培葡萄的农田工作，另一部分是从酿制至装瓶工作。所谓"独立酒庄"，指的是拥有自家农田，使用自家葡萄从事上述一连串酿制过程的酿造商。在一定意义上讲，这与波尔多的庄园（参见P52）是同样的，但勃艮第的独立酒庄中，小规模的家族经营占多数。而"酒商"指的是不拥有自家农田，他们从别处购买原料或酒樽中的葡萄酒，然后进行上述酿制过程中第二部分的工作，即从事从酿制至装瓶工作的生产者。独立酒庄由于小规模的一连串生产，能够很容易地反映出不同个性。而酒商相对来讲，规模较大，品质容易得到保证。

独立酒庄和酒商的差异

独立酒庄——拥有自家农田，规模较小，家族经营等占多数。
酒商——不拥有自家农田，从别处购买原料，规模较大。

Bourgogne 要点 ③

屈指可数的红葡萄酒佳酿产地
黑皮诺和夜丘

　　在勃艮第，自北向南有一条长约50km的狭长丘陵地，被称为"科多尔黄金丘陵"佳酿地，它也是世界上最宝贵的葡萄酒产地。其中，北半部分是"夜丘"，基岩全部由石灰岩构成，生产量的90%以上都是由黑皮诺酿制而成的红葡萄酒。几乎勃艮第的所有红葡萄酒特级田※都位于该地区，而且酿制名品的佳酿村（村名AOC）绵亘不绝。每个村子的个性均不同，惹人注目。

※ 除夜丘产区的科尔顿

夜丘的代表性佳酿村

哲维瑞·香贝丹
Gevrey-Chambertin
以香贝丹为首，拥有9个特级田。该村的葡萄酒因色泽深、力度强，被认为最具有男子汉气概。

沃恩·罗曼尼
Vosne-Romanée
以罗曼尼康帝为首，拥有8个烁星般特级田，亦被称为"受上帝宠爱的村落"。该村的葡萄酒豪华而又艳丽。

香波·蜜思妮
Chambolle-Musigny
该村的葡萄酒香气诱人、口感柔和，在科多尔省是最优美、充满女性气息的葡萄酒。其中，特级田蜜思妮非常有名。

夜·圣乔治
Nuits-Saint-Georges
虽然此村庄中没有特级葡萄园，但有很多一级葡萄园。该村产出的葡萄酒酒体浓烈，缜密的果味中带有辛辣味。

梧玖
Vougeot
面积不大的村名AOC，特级田梧玖庄园占据了村庄的大部分，该佳酿村产出的葡萄酒以浓厚、核心味道强劲有力而著称。

伯恩丘的代表性佳酿村

阿罗斯·高登
Aloxe-Corton
所酿制的高登·查理曼以粗犷浑厚为特点。它是与蒙哈榭不分上下的特级田。

普里尼·蒙哈榭
Puligny-Montrachet
拥有特级白葡萄酒的最高峰——蒙哈榭。整体上讲，所酿制的葡萄酒果实浓郁、细致儒雅。

梅索
Meursault
虽然此村庄中没有特级葡萄园，但以出众的白葡萄酒而闻名。浓缩的果味与酒樽香气相混合，口感丰润肥美。

夏山·蒙哈榭
Chassagne-Montrachet
拥有特级蒙哈榭葡萄田。其所酿制的葡萄酒纤细强劲的同时，平顺馥郁、魅力十足。

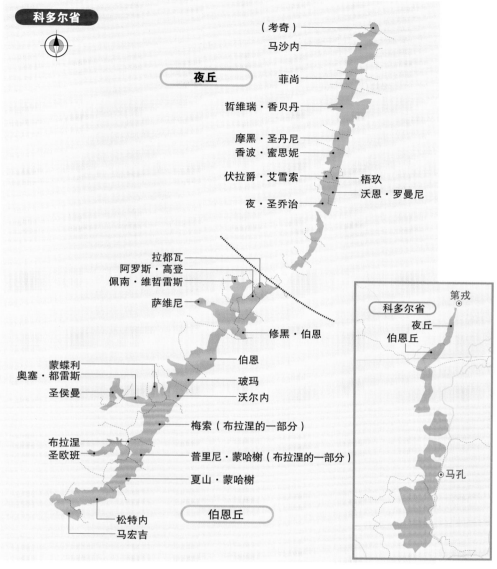

Bourgogne
要点
④

屈指可数的白葡萄酒佳酿产地
霞多丽和伯恩丘

　　伯恩丘位于科多尔省的南半部分，生产量的2/3是红葡萄酒，但与夜丘相比，泥灰质土壤较多。在蒙哈榭等产区，由霞多丽酿制而成的白葡萄酒在世界上屈指可数、闻名遐迩。几乎勃艮第的所有白葡萄酒特级田※都位于该地区，而且优质的一级田也很多，酿制出的美酒如烁星般彰显着个性。

※ 除夜丘产区的木西尼

诠释"勃艮第"魅力的4款酒

Pouilly-Fuiss Tradition / Domaine Valette

宝利白葡萄酒/瓦莱特庄园

**出类拔萃的馥郁感
熟透的霞多丽口味**

推荐理由
宝利白葡萄酒是佳酿地——勃艮第南部马孔内产区的代表性知名葡萄酒。它使用有机栽培产出的全熟葡萄，进行2年以上的酒樽熟成。不负酒樽的功劳，葡萄酒的味道自然而又馥郁。

色: 闪烁的金色，黏性十足。

香: 杏仁、黄油和烤面包的香气。白胡椒和熟成过程中产生的菌类，味道复杂。时间越久，香气越迷人。

味: 冲击力强，浓厚馥郁，酸味强烈，余味悠长。

料: 使用黄油的鱼类、鸡、猪等料理，添加菌类的食物等。

Data	
产地	马孔内产区普衣·富赛村
品种	霞多丽
收获年份	2003　参考价格 / ￥5800

Chassagne-Montrachet 1er Cru Blanchot-Dessus / Anglada-Deleger

夏山·蒙哈榭村布朗肖·迪斯1级葡萄酒/安格拉达·德雷杰庄园

**优越的风土条件
霞多丽魅力的完美体现**

推荐理由
布朗肖·迪斯与蒙哈榭的南部接壤，别名"蒙哈榭之足"，是最优质的葡萄田之一。该葡萄酒具有完美的矿物质感和酸气，味道纤细而又浓密，充分展示了勃艮第地区的优越风土条件。

色: 深柠檬色中夹杂着绿色。

香: 在余味已消失的同时，口中仍留有充分的矿物质感、杏仁味和面包般的木酒樽感。熟成过后香气更加诱人。

味: 纤细浓密、酒体均匀，冲击力强，果味美妙、余味悠长。

料: 纯正的法式料理、用黄油嫩煎的鱼类等。

Data	
产地	伯恩丘产区夏山·蒙哈榭村
品种	霞多丽
收获年份	2005　参考价格 / ￥11000

色: 色泽　**香**: 香味　**味**: 味道　**料**: 搭配料理

基辅依村1级玖斯庄园红葡萄酒／拉格庄园

Givry 1er Cru Clos Jus Ronge / Domaine Ragot

大德园葡萄酒／墨美圣庄园

Clos de Tart / Mommessin

纯正的黑皮诺果味充足
性价比出类拔萃

推荐理由

基辅依村位于勃艮第稍微偏南方向。所酿制的葡萄酒知名度较低，但果味纯正浓郁，性价比出类拔萃。同时，果味与沁人的酸味保持着均衡。黑皮诺的迷人魅力展现得完美无比。

色：深红宝石色中夹杂着少许紫色。

香：稍微成熟的小樱桃和覆盆子、草莓的香味，浓郁的玫瑰花香。迷人的果香十足，令人心旷神怡的辛辣味。

味：具有质感，果味馥郁，酸味沁人，各味道保持着完美的平衡。

料：油封鸭肉，以及鸡肉、猪肉等料理。

Data

产地／莎朗尼产区基辅依村	
品种／黑皮诺	
收获年份／2005	参考价格／￥4200

品质与力量的结合
特级庄园的实力象征

推荐理由

既有摩黑·圣丹尼的个性，又有强烈的果味，同时浓郁卓越，实力雄厚。是用最低的价格就能够买到最优质葡萄酒的特级庄园之一。开发出葡萄田潜力的酿制责任者也很优秀。

色：深红宝石色。黏性强劲。

香：红色果实的纯天然香气十足，略微成熟后散发出浓缩的洋李子味。香气浓厚纯粹。

味：冲击力强，弥漫于整个口中。单宁较轻，余味绵延，印象深刻。熟成后口感更加复杂优雅。

料：特级法式料理。

Data

产地／夜丘产区摩黑·圣丹尼村	
品种／黑皮诺	
收获年份／2005	参考价格／￥32550

承蒙太阳恩惠的馥郁葡萄酒

法国南部罗纳河谷

［关键词］

浓缩感 / 优雅

强烈与柔和相交融
具有熟成的果实浓缩感和馥郁感的优雅葡萄酒

罗纳河起源于瑞士，在勃艮第的南端里昂城向南流动，纵越法国东南部，最终注入地中海。该流域南北方向拓展200km的区域是罗纳河谷地区。从地理特质上讲，该区域温暖如春，终日阳光明媚。沐浴着艳阳长日的葡萄，基本上容易熟成，且果味浓厚。用该种葡萄酿制的葡萄酒果味浓缩、香气浓烈、力度十足。

虽然统称为"罗纳"，但南北地区存在气候和地质上的差异，葡萄酒的类型也大相径庭。以酿制方法为例，北罗纳河谷地区使用单一品种酿造葡萄酒，而南罗纳则将采用多品种混合酿制的方式。

以红葡萄酒为例，北罗纳河谷地区使用西拉品种。该品种色泽深，浓密且有力的味道中，具有辛辣和野性的香气。此外，北罗纳的佳品中，除强劲有力外，还散发着优美、柔和、优雅的气息。由于酸味和单宁馥郁，陈年持久力强，熟成的魅力亦不可忽视。

而在南罗纳河谷地区，主要以格连纳什、西拉、慕合怀德等为主，最多将13个品种进行混制。酿造者的选择固然很重要，但多品种的香味浑然一体的复杂感，以及爽快温柔的味道亦魅力四射。

君岛的推荐要点

＊北罗纳河谷地区的西拉十分优雅
＊与料理极其匹配

几乎罗纳河谷的所有葡萄酒都富有个性，建议大家可以享受一下它与料理搭配饮用时的乐趣。但南北罗纳特征差异显著。北罗纳河谷地区的西拉强劲有力，余韵优雅，在熟成的过程中魅力倍增。南罗纳河谷地区的葡萄酒，味道柔和，宛如太阳般温暖。

北罗纳河谷地区格里叶庄的葡萄田。位于罗纳河谷沿岸的陡峭斜坡上。

罗纳河谷

罗蒂釐地
孔德里约

赫米塔治

⊙瓦伦斯

45°

德龙河

拉斯多
吉冈达

教皇新城堡

大维尔

44°

艾维尼翁

广域地图参见P139

倘若是具有野性风味的西拉，则与野猪等野味料理最为搭配；而南罗纳河谷地区的葡萄酒，烤羊等料理会使其香草味的美妙发挥得淋漓尽致。总之，罗纳河谷地区的葡萄酒非常适合在就餐中饮用。

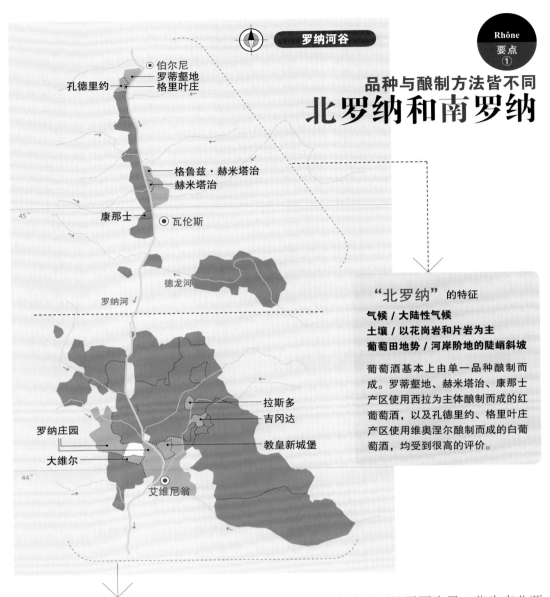

品种与酿制方法皆不同
北罗纳和南罗纳

"北罗纳"的特征

气候 / 大陆性气候
土壤 / 以花岗岩和片岩为主
葡萄田地势 / 河岸阶地的陡峭斜坡

葡萄酒基本上由单一品种酿制而成。罗蒂鳌地、赫米塔治、康那士产区使用西拉为主体酿制而成的红葡萄酒，以及孔德里约、格里叶庄产区使用维奥涅尔酿制而成的白葡萄酒，均受到很高的评价。

"南罗纳"的特征

气候 / 地中海气候
土壤 / 石灰岩、砂岩等种类繁多
葡萄田地势 / 平地及坡度小的丘陵地

葡萄酒多由数品种混合或混酿而成。南部产量占罗纳河谷地区总产量的95%，大批量产品也很多。教皇新城堡、吉冈达的红葡萄酒，以及大维尔的玫瑰红等非常知名。

罗纳地区以中央附近的平原为界，分为南北两部分。由于南北部气候、葡萄田地势、土壤等存在差异，葡萄酒的类型也不同。作为北罗纳的代表性产地（AOC），罗蒂鳌地、赫米塔治主要酿制以西拉为主体的红葡萄酒，孔德里约主要使用100%维奥涅尔酿制白葡萄酒。作为南罗纳的代表，有教皇新城堡的红葡萄酒。以格连纳什为主体的多品种被广泛使用，纯正的南部产地果味馥郁而又温和。

典型的法国南部多样性引人注目

罗纳的主要葡萄品种

北罗纳酿制的葡萄酒主要以单一品种为主体，品种也受到限制。与此相对，南部的气候较温暖，基本上将多品种进行混合酿制，葡萄酒的品种也随之繁多。从南部整体上看，被认可的葡萄品种共计21种，其中黑葡萄13种、白葡萄8种。

● 白葡萄

维奥涅尔
Viognier

主要栽培于北罗纳河谷地区的孔德里约，少量用于混酿以西拉为主体的红葡萄酒中。具有非常芬芳的香气，譬如杏、桃的果香，白色花朵的芬芳。酿制的葡萄酒酸味稳定、酒体较强。

● 黑葡萄

西拉
Syrah

北罗纳河谷地区的主要品种，在南部亦被广泛应用于混酿葡萄酒。其色泽深红，浓郁辛辣，夹杂着野性的芬芳，单宁馥郁强劲。北部罗纳河谷地区的西拉酸性深邃优雅。

慕合怀德
Mourvèdre

与格连纳什同样被广泛栽培于西班牙和法国南部。具有黑莓般浓厚果香、单宁馥郁有力。在南罗纳河谷地区的葡萄酒中，主要起到辅助作用，它可以使味道更加饱满。

格连纳什
Grenache

南部多品种混酿葡萄酒的主体，亦可以作为单一品种进行酿制。原产于西班牙，之后在法国南部被广泛种植。单一品种葡萄酒的色泽较淡，但酒精度高，质感十足，具有药草的香气。

诠释"法国南部罗纳河谷"魅力的3款酒

孔德里约白葡萄酒/蒙奇利特庄园
Condrieu / Domaine du Monteillet

华丽芳香
满载着维奥涅尔的魅力

推荐理由

异国情调的香气和浓缩果味。具有花蜜和熟成洋梨的香气,芬芳十足。酒体偏重,辛辣浓烈。可搭配的料理范围广。维奥涅尔的魅力完美体现。

色: 浓色调中夹杂着绿色。黏性十足。

香: 非常辛辣。熟成的洋梨和桃子蜜饯果味,桂花的花香,以及药草味。

味: 冲击力强,弥漫于整个口中。具有浓缩的果味却不甜,宜人的酸味十足。酒体偏重,余韵绵长。

料: 蟹、虾等贝类,中餐及辛辣的亚洲料理,山羊奶酪。

Data	
产地 / 孔德里约产区	
品种 / 维奥涅尔	
收获年份 / 2005	参考价格 / ¥7600

罗蒂垦地西拉红葡萄酒/米歇尔&斯蒂芬奥吉尔庄园
Côe-Rôie / Michel & Stéhane Ogier

罗蒂垦地的个性代表
拥有北罗纳西拉的浓厚

推荐理由

该葡萄酒由在罗纳地区备受瞩目的生产者奥吉尔酿制而成。伴随着华丽的同时,性感、柔和、优雅。果味浓密强劲,还具有独特的野味、优质纤细的韵味。

色: 深宝石红。黏性十足。

香: 黑莓等黑色系果实和黑橄榄,浓烈的辣椒香味,清淡的玫瑰花香,铁锈气息和野禽类等动物香气。

味: 浓厚的口感、馥郁的果味和强劲力度,余味细腻柔和,余韵悠长。

料: 半熟的红色肉类,野禽类等。

Data	
产地 / 罗蒂垦地产区	
品种 / 西拉	
收获年份 / 2001	参考价格 / ¥7140

色: 色泽 **香:** 香味 **味:** 味道 **料:** 搭配料理

Châteauneuf du Pape / Domaine du Banneret

教皇新城堡红葡萄酒／虹契骑士庄园

由正宗的南部罗纳多品种酿制
味道复杂，给人以感官上的冲击

推荐理由

种植的13种葡萄均采用有机栽培方式。采取手摘葡萄，进行为期2~3周的自然发酵。利用传统制法，使用旧的橡木酒樽封存1年半。多种香气复杂交错，柔和馥郁，给人以感官上的冲击。

色：红宝石色中夹杂着橙色。

香：红色系果实和熟成的洋李子、干果的芬香，桂皮和小豆蔻等辛辣味，干花香气。轻微的动物气息。充分玩味，还会发现它非常复杂，给人以感官上的冲击。

味：冲击力适中，味道均衡，余韵绵长。

料：使用草本植物作配料的小羊烤肉等。

Data

产地／教皇新城堡产区	
品种／格连纳什60%、西拉10%、慕合怀德10%、其他10种	
收获年份／2003	参考价格／¥5040

这些葡萄酒亦值得关注

大维尔玫瑰红葡萄酒

> Tavel

大维尔产地位于南罗纳河谷右岸，是只酿制辛辣玫瑰红葡萄酒的AOC。作为法国三大玫瑰红葡萄酒之一，该酒被称为"玫瑰红之王"。它以格连纳什为主体，与神索等相混合，口味辛辣、色泽浓深。作为玫瑰红葡萄酒，其持久力强。因受路易十四和文豪巴尔扎克的喜爱而闻名遐迩。

赫米塔治的稻草酒

> Vin de Paille

所谓"Vin de Paille（稻草酒）"，指的是将在稻草席上晾干的干葡萄绞碎后酿制而成的甘甜葡萄酒。它散发着浓缩葡萄干的风味。虽然是法国侏罗区的特产，但在赫米塔治也进行着极少量的酿制。

天然甘甜葡萄酒

> VDN

关于天然甘甜葡萄酒VDN（Vin du Natural），在P117有详细介绍。罗纳河谷南部仅次于朗格多克·鲁西永，也是VDN产地。作为产地，伯姆·维尼斯·蜜思嘉和拉斯多非常知名。

惊于北部葡萄酒的纯净魅力

阿尔萨斯

［关键词］

生动的酸味

极其美味
具有生动的酸气和清爽感

　　阿尔萨斯位于法国东北部，西部以延绵的弗杰山脉为限，东部以南北纵越100km的莱茵河为界，是条细长的丘陵地带。它也是法国最北面的香槟酒产区。但是由于弗杰山脉阻挡了来自大西洋的冷风，因而雨量较小，日照充沛。

　　北部葡萄酒具有专属的透明感以及生动清新的酸味，还有辛辣葡萄酒的清新果味和矿物质感的完美平衡，这些都很值得体验。阿尔萨斯的葡萄酒，基本上由单一品种酿制，制法独特，很容易让人感受到各品种的个性。它们适合与多种料理搭配饮用，美味至极，能够直接沁人心田。

　　土壤方面，从花岗岩到黏土、石灰、砂岩质均有，十分复杂，因此可栽培的葡萄品种也多种多样。此外，被莱茵河隔断、与德国接壤的区域，以威士莲为首，有许多跟德国共通的品种。葡萄酒在标签上标记品种名称的样式和细长的笛形酒瓶，也是德国式的，不过味道是法国式的辛辣口味。

阿尔萨斯葡萄田（建筑物等处均受到德国影响）

君岛的推荐要点

* 白葡萄酒魅力的完美展现
* 洒脱的酸味、清新的果味

阿尔萨斯基本上都是白葡萄酒。饮用之后无人不赞美它的美味，纯净的味道充满魅力。托优质酿制者的福，它口味生动清爽，具有透明感，此外，还有北方产地特有的洒脱酸味。阿尔萨斯是美味之物的宝库。将核心味道浓烈的辛辣葡萄酒稍微冰镇后，非常适合就餐时饮用，建议您一定要试一试。

说到具体的品种，威士莲专有的清新华丽口味、琼瑶浆的荔枝和玫瑰的华丽香气、黑皮诺的饱满浓缩味，以及麝香的新鲜果香……味道清爽浓郁，十分适合与料理搭配饮用，譬如香肠、鸭胸肉、鱼贝类、蔬菜以及中华料理。此外，还有一些使用迟摘葡萄酿制的甘甜葡萄酒，将其冰冻后可以与点心、鹅肝酱相搭配，这一点不可忽视。

阿尔萨斯

弗杰山脉

斯特拉斯堡

下莱茵省

德国

科尔马

莱茵河 ↑

上莱茵省

米卢斯

广域地图参见P139
图中阿拉伯号码表示特级庄园

首先关注一下4种高贵品种吧

白葡萄酒的葡萄品种

　　阿尔萨斯的土壤具有多样性，能够栽培众多葡萄品种。通常情况下，由单一品种酿制而成的葡萄酒具有矿物质感，味道充分体现了葡萄品种和土壤的特性，乐趣无穷。其中，威士莲、琼瑶浆、灰皮诺、麝香这4种，被称为"四大高贵品种"，评价很高。

威士莲
Riesling

香气宛如白色花朵和蜂蜜般纤细高雅，酸味上品，具有透明感。香气馥郁，适合栽培于寒冷土地。在阿尔萨斯，除迟摘型葡萄酒，基本上都是辛辣口味。

灰皮诺
Pinot Gris

具有烟熏味和蜜、杏的香气，酸味稳定浓烈，质感馥郁。易于熟成、甘甜口味的迟摘型葡萄酒充满魅力。

琼瑶浆
Gewürztraminer

具有荔枝和玫瑰般华丽香气，易于熟成。经常用于酿制甘甜口味的琼瑶浆葡萄酒，酒体适中，酸味稳定。

麝香
Muscat

甘甜水灵的麝香香气十分迷人，酒体轻，给人留下一种清爽的印象。除阿尔萨斯外，多数被酿制成甘甜口味的葡萄酒，但基本上仍是辛辣口味。

Alsace 要点②

认定优质农田为特级庄园

阿尔萨斯特级庄园

长期以来，阿尔萨斯基本上使用地方名AOC的"Vin d'Alsace"。为了更好地酿制能够体现风土条件的特级AOC，1983年制定了新的AOC，即"阿尔萨斯特级庄园"。被认定的葡萄田被称为"小地区"，如今共有51处。它要求原则上使用四大高贵品种的某一品种单独酿制白葡萄酒，葡萄不可以机械收获，需严格限制收获量。不过，针对这一制度，人们持有赞同与反对两种态度，所以有一些酿造商并不在商标上标记出来。

Alsace 要点③

甘甜口味亦不可忽视

VT和SGN

VT（Vendanges Tardives）和SGN（Selection de Grains Nobles）分别是迟摘型葡萄酒、贵腐甜酒的简称。阿尔萨斯以辛辣口味葡萄酒为中心，但也会通过迟摘或贵腐化提高葡萄的果汁糖度，以此打造传统的甘甜口味（也有辛辣口味）葡萄酒。在标签上会标记出AOC名称。通过迟摘方式的是VT，而通过贵腐方式的是SGN。其中，只使用四大高贵品种的葡萄，每个品种的最低果汁糖度都是有限制的。味道可谓是出神入化、令人销魂。

品种和VT、SGN的最低果汁糖度		
品种	VT（迟摘）	SGN（贵腐）
琼瑶浆	257 g/L	306 g/L
灰皮诺	257 g/L	306 g/L
威士莲	235 g/L	276 g/L
麝香	235 g/L	276 g/L

※ 数字表示1L果汁所含的糖分数（g）。

诠释"阿尔萨斯"魅力的3款酒

威士莲葡萄酒/阿伯堡庄园
Riesling / Domaine Albert Boxler

琼瑶浆葡萄酒/阿伯堡庄园
Gewürztraminer / Domaine Albert Boxler

渗入体内的美味
浓缩的辛辣威士莲

异国情调的甘甜香气
味道浓厚，魅力四射

推荐理由

具有完美熟成后浓缩的果味，辛辣的口味让人能够体验到阿尔萨斯专属的威士莲。酒体偏重，浓烈之中散发着沁人的矿物质感，生动的酸味直逼体内，十分美味。

推荐理由

在金黄色的光泽酒液中，散发着异国情调的甘甜香气，完全熟成的白桃香气更具魅力。含入口中，丝丝辛辣而不甘甜，味道浓厚。完美地体现出葡萄的个性，众人皆拜倒在它的美味之中。

色：金黄色中夹杂着绿色。黏性十足。

香：浓缩清爽的果香，甘甜熟成的果蜜香，优雅、透明的矿物质感。

味：入口后立即能够感受饱满、浓厚的味道，酒体偏重。核心味道浓烈，酸味清爽，余韵绵长。

料：油炸香肠及干蒸蔬菜等。清淡的鱼类以及其他山珍海味。

色：金黄色中夹杂着闪亮的绿色。黏性十足。

香：花香袭来，体验着异国风情。具有白胡椒般香气和完全熟成的白桃香气。

味：味道辛辣，但迷人的香气让人感受到的却是自然的甘甜。

料：中国料理，如使用花椒的正宗麻婆豆腐等。

Data

产地	阿尔萨斯产区（下莫施威尔村）
品种	威士莲
收获年份 / 2005	参考价格 / ￥4400

Data

产地	阿尔萨斯产区（下莫施威尔村）
品种	琼瑶浆
收获年份 / 2005	参考价格 / ￥4800

色：色泽　香：香味　味：味道　料：搭配料理

托考伊迟摘型灰皮诺\阿伯堡庄园

Tokay Pinot Gris Vendanges Tardives / Domaine Albert Boxler

浓密的甘甜
酸味恰到好处的迟摘型

推荐理由

该葡萄酒使用的迟摘型灰皮诺，比正常情况下要推迟2个月收获。且蕴含大量贵腐葡萄，具有蜂蜜、杏、熟成的洋梨等复杂香气，浓密的甘甜，同时酸味优雅，均衡感强。

色：金黄色中夹杂着琥珀色，黏性十足。

香：西洋梨完全熟成后发酵的香气，贵腐香、蜜香，以及杏香。

味：酒体偏重，饱满的果实感，口味甘甜。沁人的贵腐葡萄酒酸味，甜度适中而不腻。

料：点心、冰冻白肝、意大利通心粉、奶酪、鹅肝酱等。

Data
产地／阿尔萨斯产区（下莫施威尔村）
品种／灰皮诺
收获年份／2000　参考价格／￥5208（500mL）

这些葡萄酒亦值得关注

阿尔萨斯起泡葡萄酒
Crémant d'Alsace

阿尔萨斯的起泡葡萄酒。在瓶内进行二次发酵，味道清爽。有白葡萄酒和玫瑰红两种。其中白葡萄酒通常以白皮诺为主体，由多品种混合酿制而成。玫瑰红由100%黑皮诺酿制而成。

阿尔萨斯混酿白葡萄酒
Alsace Edelzwicker

在阿尔萨斯，通常使用单一品种进行葡萄酒的酿制，而将数品种混合酿制而成的白葡萄酒称为"混酿白葡萄酒"。一般以斯万娜、麝香、白皮诺等为主进行混酿。它具有果实的自然甘甜和酸味。轻松畅饮，食物百搭，它是阿尔萨斯的地方酒。

阿尔萨斯葡萄酒溪园的葡萄田。

色 香 味 俱 全 的 起 泡 葡 萄 酒

香槟酒

［关键词］

佳酿商 / 风格

巧妙的调配
瓶内二次发酵产生佳酿的艺术

闪耀的金色酒液之中，不断跳跃着纤细的气泡。拔掉软木塞，华丽的香气扩散于空间的每一角落。香槟酒，可以说就是通过五感（视觉、听觉、嗅觉、味觉、触觉）来品尝的起泡葡萄酒。

不过，事先应该说明的是，香槟酒并不完全等同于起泡葡萄酒。只有在巴黎东北部约150km处的法国最北部葡萄酒产地香槟酒产区，并使用匹配制法酿制而成的葡萄酒，才称为"香槟酒"。同时，香槟酒的味道具有特有的复杂性和浓厚感，这也是与其他起泡葡萄酒完全不同的魅力。

那么，这种味道是如何产生的呢？这主要归功于两个方面，一方面是得天独厚的风土条件——丰富的白垩石灰土壤和寒冷的气候，这提供了通透的矿物质感和清新的酸味；另一方面是独特的制法——调配和瓶内二次发酵。

通常情况下，标准的香槟酒需要将葡萄品种、葡萄田、收获年份不同的原酒相混合——即"调配"。收获年份和熟成度均不同的原酒进行调配，避免了不稳定气候产生的风险，故其被称为"珍藏葡萄酒"。根据各要素组成比例的不同，味道会随之发生改变，再通过瓶内

为了得到足够的日照，葡萄树的高度很低。

君岛的推荐要点

＊用眼、耳、鼻……五感品味
＊不单调、混合艺术的博大精深

优质香槟酒就是这样，以美丽的色泽和起泡方式等，给人以视觉上和听觉上的冲击，饱含香气的变化，可以让人尽情享受它的美妙。香槟酒可以作为珍藏酒，自由设计、混酿。对于特质佳酿，不仅仅需要最大限度地发挥葡萄酒农技术，还需要其发掘本村特性的技巧。

以香槟酒为中心的地区

兰斯山脉产区
兰斯

马恩河谷产区

埃佩尔奈 —— 艾依
马恩河

白丘谷地产区

■ 特级葡萄田
■ 一级葡萄田
■ 其他葡萄田

二次发酵及熟成，赋予了葡萄酒独特的芳香和复杂感。

　　这种味道的设计，取决于各个佳酿商，由此决定了香槟酒的个性：浓烈的酒体感和饱满感、朝气蓬勃的轻松感、复杂的熟成感……迎合不同的心情和场合，体验各种佳酿的风格，也是香槟酒的乐趣。

广域地图参见P139

生产地区和使用品种

以香槟酒为中心的地区

兰斯山脉地区

兰斯
普依玖
西勒里
比蒙贝斯
玛逸香槟
韦尔兹奈
韦尔济

马恩河谷产区

博兹
卢夫瓦
艾伯尼
图尔马恩

埃佩尔奈
艾依
马恩河
瓦利
舒依
克拉芒
阿维泽
欧格
欧格梅尼尔

白丘谷地产区

■ 特级葡萄田
■ 一级葡萄田
■ 其他葡萄田

香槟酒地区大致可以分为五大产区，由北至南依次是兰斯山脉、马恩河谷、白丘谷地、赛萨讷丘、巴尔河岸。尤其是前面的3个产区，有许多生产高品质葡萄的葡萄田。用于酿制香槟酒的品种主要有霞多丽、黑皮诺、莫尼耶皮诺3种。每个地区的土壤和地势均不同，所栽培的主要品种亦不同。AOC香槟酒分布于整个地区。大型佳酿商根据自身的葡萄酒设计，选择地区内的葡萄田所产的葡萄。

兰斯山脉产区
Montagne de Reims

该产区位于中心城市兰斯的南部丘陵斜坡上，分布着大量葡萄田。以白垩土壤为主，作为黑皮诺名产地非常知名。

白丘谷地产区
Côte des Blancs

自埃佩尔奈沿着南北方向的山坡，葡萄田依次扩张。正如名字"白丘"所示，该产区是白垩土壤，作为霞多丽的知名产地闻名遐迩。

B

马恩河谷产区
Vallée de la Marne

该产区位于马恩河谷两岸的斜坡上，横跨东西。白垩土壤上堆积着大量黏土。以莫尼耶皮诺为主，艾依村则以黑皮诺知名。

用于酿制
香槟酒的品种

* 霞多丽 / 产生优雅及纤细的酸气
* 黑皮诺 / 赋予核心味道和浓厚感
* 莫尼耶皮诺 / 味道柔和、熟成快

特级佳酿商和葡萄酒农

Champagne
要点
②

第一章 值得亲身体验的葡萄酒讲座

佳酿商的地下酒窖——进行摇瓶（参见P80）的场所。

在香槟酒产区，把生产者称为"佳酿商"。其特征就是，大多数佳酿商从各种各样的栽培农家那里购买葡萄之后进行葡萄酒的酿造（也有一部分拥有自家田）。各佳酿商通过混酿方式生产出独特"风格"的香槟酒。因此，有必要从多个葡萄田，购买个性迥异或与自家风格相匹配的葡萄。这种生产形态叫做"加工酒商"。被称为"特级佳酿商"的所有大型佳酿商全部采取该种生产形态。同时还有许多珍藏葡萄酒，它们完美地呈现着复杂及高熟成度的味道。另一方面，近年来，"葡萄酒农"也备受关注。他们是指使用自家葡萄田的葡萄酿制香槟酒的栽培家兼酿造家，其中以小规模生产者居多。葡萄酒农旨在较为直接地表现出每个村庄和葡萄田的味道及个性。

主要的生产形态与缩略符号

NM ▶ **加工酒商**（Néociant Manipulant）
从其他公司（栽培农家）购买原料的一部分或全部，从事香槟酒酿造的生产者。大型佳酿商全部属于这一范畴。

RM ▶ **葡萄酒农**（Réoltant Manipulant）
只使用自家葡萄田的葡萄酿制香槟酒，栽培家兼酿造家。小规模居多。

CM ▶ **合作社**（Coopéative de Manipulant）
生产协作合作社。社员使用栽培的葡萄从事香槟酒的酿制，并以合作商标进行售卖。

所谓"特级庄园"

香槟酒产区，根据生产葡萄的平均品质，每个村庄都用百分比80%~100%来表示等级。最初根据的是1989年前一直采用的公示价格制度，佳酿商和栽培农家之间首先会根据该年的公示价格决定葡萄的价格。根据等级比例决定每个村庄的葡萄收购价位（比如公示价格为10元/kg，等级100%村庄的收购价格为10元，90%村庄的收购价格为9元）。位居最高等级100%的村庄，被称为"特级庄园（Grand Cru）"（可以在标签上标记），共计有17家，全部在右侧的3个地区内。

生产地区与主要佳酿村

〈兰斯山脉产区〉
艾伯尼、博兹、韦尔兹奈等
9个村庄

〈马恩河谷产区〉
艾依、图尔马恩
2个村庄

〈白丘谷地产区〉
阿维泽、欧格梅尼尔等
6个村庄

独特制法中隐藏的味道之谜
酿造工程

Champagne
要点
③

香槟酒是在悠久的历史中酝酿出来的独特之物。从葡萄的压榨方式到调配（混酿）、瓶内二次发酵、除渣等，该制法复杂、费时费力。但正因如此，才产生了香槟酒特有的味道。

1   基酒的酿制   （第一次发酵）

素材葡萄酒——基酒的酿制※。基酒根据品种、地区（葡萄田）的不同进行酿制、储藏。收获年份是往年的则是珍藏葡萄酒。承蒙压榨方法的完善，既酿制有红葡萄酒又酿制有白葡萄酒。

※ 葡萄酒的基本酿制方法参见P184

> 该步骤将产生独特的风格

2   混酿   （调配）

将葡萄品种、葡萄田、收获年份均不同的基酒进行混合——调配。将众多要素混合后，不仅要保证各成分的均衡、品种的稳定，还要保证各酿造商独特的风味。

3   封瓶、添加利久酒

将混制后的葡萄酒封瓶。此时，添加酵母和糖分的混合溶液后拧紧铁盖塞封瓶（该工作称为"封瓶"）。

> 气泡由此产生赋予复杂的香气和美味

4   瓶内二次发酵、熟成

通过酵母分解添加的糖分，在瓶内发生二次发酵。密封发酵产生的碳酸气体被封闭在瓶内。发酵后，香槟酒将与酵母的残留物一起进行至少15个月的熟成。

5   摇瓶

为了除去瓶内的沉淀物，每天将酒瓶转动的同时，逐渐地整瓶酒倒立。等酒瓶垂直倒立后，沉淀物将集中在瓶口等待除渣工作。

6 　　　　　　　除渣

将瓶口插入−20～−25℃的冷凝液中，沉淀物会在瓶颈迅速冻结成一块。之后将铁盖塞拔后，由于气压的原因，结冻块就会自动滑出，香槟酒也就澄清了。

> 该步骤决定
> 甘甜/辛辣口味
> Brut/辛辣
> Sec/微甜
> Demi Sec/甘甜

7 　　　　　　　添酒

有少量酒随着冰条流失，此时在葡萄酒中添入一些糖酒（利久酒）。这些糖分添加剂是香槟酒甘甜、辛辣程度的决定因素。

8 　　　　　　　密封

用软木塞再次封瓶。贴上标签，便可以上市了。

香槟酒的多种多样的风格

生产地区与主要佳酿村

· **NV**（ **Non Vintage** ）……　不记录收获年份的制品。通常情况下，它将多个年份的原酒相混合，同时标记出各个佳酿商的风格。属于正式香槟酒。

· **年份香槟**………………………　在标签上标记出葡萄的收获年份。在葡萄收成佳的年份，仅使用一年内的原酒进行酿制。

根据等级的不同

· **标准香槟酒** …………………　常见商品。通常情况下，表示各佳酿商风格的NV。

· **尊贵香槟酒** …………………　仅使用最上乘的原酒酿制而成的高级香槟酒。年份香槟酒居多。

根据使用品种的不同

· **白色品牌**………………………　仅使用白葡萄（霞多丽）酿制而成的香槟酒。

· **皮诺品牌**………………………　仅使用黑葡萄（黑皮诺或莫尼耶皮诺）酿制而成的香槟酒。

诠释"香槟酒"魅力的4款酒

琼加蒂努瓦特级珍藏香槟酒
Deutz Brut Classic NV

大型佳酿商专有的设计
高完成度的NV魅力

推荐理由

蒂姿是佳酿地艾依村代表性的特级佳酿商之一。所选的葡萄质量上乘、3种品种的比例基本相同。20%作为珍藏葡萄酒。具有新鲜感和熟成感，散发着高熟成度NV专有的魅力。

色：淡淡的柠檬色。气泡纤细断续。

香：兼备新鲜感和熟成感。白色花朵、熟成的洋梨、烤面包和杏仁香。

味：均衡度佳，冲击力复杂且熟成度高。气泡绵密柔顺，生动润滑，余韵沁人绵长。

料：餐前酒，适合搭配多种料理。

Data	
产地 / 马恩谷产区艾依村	
品种 / 霞多丽34%、黑皮诺33%、莫尼耶皮诺33%	
收获年份 / NV	参考价格 / ￥5880

蒂姿天然香槟酒NV
Gatinois Grand Cru Brut Réserve

黑皮诺的最高峰
佳酿艾依村的葡萄酒农

推荐理由

"可以倾听到葡萄声音的葡萄酒"，是对该黑皮诺最高峰的完美诠释。特级葡萄田艾依村最大限度地发挥黑皮诺的潜能，葡萄酒芳醇、有力、细腻。

色：深金黄色中夹杂着些许粉色。黏性十足。

香：具有浓郁的熟成感，干脆的苹果香气和梅味。

味：些许饱满感，馥郁有力，酸味十足，回味柔和清爽。

料：餐前菜和炸串等，以及主要的肉类料理。

Data	
产地 / 马恩谷产区艾依村	
品种 / 霞多丽10%、黑皮诺90%	
收获年份 / NV	参考价格 / ￥6048

色：色泽　**香**：香味　**味**：味道　**料**：搭配料理

皮埃尔·蒙库特/无加味液特级香槟酒1996

Pierre Moncuit / Brut Non Dos Grand Cru 1996

菲利普拉特/歌雪园香槟酒1996

Philipponnat / Clos des Goisses Brut 1996

**产自特级霞多丽葡萄田
霸气外露的白葡萄酒品牌**

**在香槟酒中罕见的
以葡萄田名称命名的尊贵级**

推荐理由

香槟酒产区最卓越的霞多丽产区——欧格梅尼尔村的RM(仅使用自家葡萄的酒庄)。其气泡纤细、清爽，具有女性气息、浓厚的果香、矿物质感和熟成感，称得上是霸气外露的白葡萄酒品牌。

推荐理由

在香槟酒中，只有两种是单独以葡萄田名称命名的，其中一种就是"歌雪园香槟酒"，可谓是菲利普拉特的尊贵级。该葡萄田面向马恩河，朝南，地势陡峭。树龄在25~30年。其味道芳香、陈年力强、味道浓厚。

色：闪耀的金色。纤细的气泡。

香：以柑橘系为中心的浓厚果香，烤面包和生杏仁的香气，能体验到风土条件的矿物质香。

味：浓烈新鲜。果实的浓厚与坚实的酸气保持着完美的平衡，浓厚的熟成味道。余韵悠长。

料：鱼及牡蛎等海味。寿司、天妇罗。

色：深金色。气泡纤细缓慢。

香：蜂蜜、杏仁、甘菊、杏、矿物质的香气，香气丰满有力。

味：酒体馥郁浓烈，酸味适度。复杂的要素达到完美的平衡，具有浓缩感，余味悠长，耐人寻味。

料：使用松露的沙士料理和禽类、鹅肝酱等。

Data

产地	白岸谷地产区欧格梅尼尔村
品种	霞多丽100%
收获年份 / 1996	参考价格 / ￥9450

Data

产地	马恩谷产区玛赫依村
品种	霞多丽50%、黑皮诺50%
收获年份 / 1996	参考价格 / ￥19005

与料理搭配的相得益彰

普罗旺斯的玫瑰红葡萄酒

［关键词］

在太阳底下饮用

适合在太阳底下饮用
可轻松引起食欲的美味葡萄酒

科西嘉岛之角

巴特里摩尼欧

阿雅克肖　　科西嘉岛
　　　　　　法定产区

科西嘉岛

帕莱特

阿维尼翁　　艾克斯区
　　　　　皮埃尔凡区
　　　　　普罗旺斯区

摩纳哥

布卢瓦

尼斯

马赛

雷波·普罗旺斯

43°

卡西斯
邦多勒
瓦尔区

地中海

普罗旺斯&科西嘉岛

普罗旺斯

广域地图参见P139

普罗旺斯正对地中海，马赛、戛纳、尼斯等游览胜地林立。温暖的阳光洒落一地，万里无云的碧空一望无际。提到普罗旺斯的葡萄酒，马上联想到的即是辛辣口味的玫瑰红葡萄酒。在太阳光的沐浴下，品尝着玫瑰红葡萄酒，是那么的新鲜，酒香滋润着心田。此款口味辛辣的葡萄酒，与鱼蟹羹及大蒜、香草调味下的料理搭配得相得益彰。

轻松饮用的辛辣玫瑰红，可

君岛的推荐要点

* 阳光当头，在午间饮用的葡萄酒就是
玫瑰红

* 将料理的美味充分发挥，可搭配范围
极广

阳光当头之时，适合在平台和野外等处享用的，除
了香槟酒之外就是玫瑰红葡萄酒了。自然的辛辣口
味的葡萄酒冷藏后，味道更佳。夏天傍晚亦很适
合。人们可以轻松地享受它的美味。小酒馆和简朴
餐馆的料理自不待言，同时也非常适合与中华料理
和烧烤搭配饮用，范围极广。请大家尽情享受这种
轻松爽快的乐趣。

普罗旺斯葡萄田的收获风景。

以将料理的味道尽情地发挥出来，别有一番情趣。接下来，我们就一览玫瑰红葡萄酒的魅
力吧。

　　玫瑰红葡萄酒色泽艳丽，与食物搭配的乐趣亦很优雅。因此，当气候逐渐变暖，在太
阳光的沐浴下，将冷藏葡萄酒与食物搭配饮用，别有一番情趣。同时它也适合在户外烧烤
时饮用。果实的新鲜感与清爽的香气自不待言，饮用起来更是轻松自然。这也正是该葡萄
酒的魅力所在。

　　玫瑰红葡萄酒根据制法的不同，既有接近白色的，又有红色的，但香气和味道皆不
过于强烈，尤其是"接近白色的玫瑰红"葡萄酒，非常适合与料理搭配。譬如鸡、猪等肉
类，鱼贝类、蔬菜，以及其他味道浓厚的食物等，可搭配范围很广。普罗旺斯多使用格连
纳什和神索品种，果味馥郁，同时具有清爽的淡淡香气。科西嘉岛也有很多玫瑰红葡萄
酒，其中不乏一些浓烈迷人之物。不管怎么说，这仅仅是玫瑰红葡萄酒入门，让我们一起
享受葡萄酒美妙、精彩的乐趣吧。

简而言之，风格百变

玫瑰红的品味方式

用一句话来形容玫瑰红葡萄酒，可以说是色泽与味道的广域度极强，可以结合自己的喜好和场合来选择风格。懂得变化无穷的要点后，乐趣倍增。

1

享受其色泽

华丽宜人的色泽当然是玫瑰酒的显著魅力。虽说是粉色，但多样性百变复杂，从淡淡的樱花色、灰色，到橙色、橙红色……与食物色泽的搭配相得益彰，可谓是视觉上的大餐。

用于表现玫瑰红葡萄酒色调的词汇

灰色／香槟色／淡淡樱花色／亮粉色／黄粉色／橙红色／山鹑眼的颜色／橙色／木莓色／洋葱的薄皮色／亮红色／红梅色

2

用味道来选择

通过色泽可以推断出某葡萄酒的大概情况。由于制法和产地（品种）等因素的影响，味道的风格范围也非常广泛。下图中一条是辛辣口味至甘甜口味的轴线，另一条是味道从浓烈至轻快的轴线。色泽浓则味道重，从纤细轻快的风格到核心味道较浓烈的葡萄酒，应有尽有。

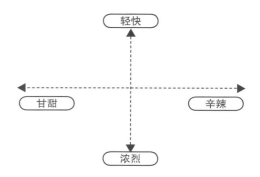

3

与料理一起享用

饮用轻松，与料理相搭配的范围极广。大体上来讲，具有轻快纤细果味和透明感的玫瑰红葡萄酒，比较适合与甘甜蔬菜、鱼贝类、日本料理等相搭配。少许浓缩感、辛辣风格的，比较适合与中国料理、烧烤味、猪肉等相搭配。将其冷藏后，则搭配范围更广。请大家尽情尝试。

Provence 要点②

使味道不同的2种方法
玫瑰红葡萄酒的酿造方法

　　玫瑰红葡萄酒的一般酿造方法有"出血方法"和"直接压榨法"两种。两种方法的原料均是黑葡萄，关键在于是红葡萄酒酿造方式还是白葡萄酒酿造方式，由此味道也不尽相同。前者接近红葡萄酒，而后者接近白葡萄酒，也有二者混合的情况。

※ 一般的葡萄酒酿造方式参见P184

接近红葡萄酒
出血方法

与酿制红葡萄酒时一样，把黑葡萄去梗、搅碎，果皮和籽不要丢弃，一起进行发酵。数小时至数日后，将已经着色的果汁从槽中引出，然后继续发酵。与直接压榨法相比，该方法的色泽浓，产生的单宁多，味道上更接近红葡萄酒。

接近白葡萄酒
直接压榨法

将黑葡萄去梗、搅碎、压榨，用果皮的色素稍微着色果汁。总之，以黑葡萄为原料，利用白葡萄酒酿制法进行酿造。在压榨、发酵之前，先低温放置一段时间，以此增加果皮接触时间。通过此种方法酿制的葡萄酒色泽较淡，味道轻快，接近白葡萄酒，充满果香。

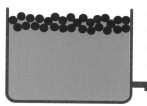

与红葡萄酒同样，将黑葡萄的果皮和籽一起浸入发酵。

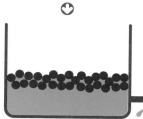

着色之后，仅将液体从槽中引出，然后继续进行发酵。

将去梗、搅碎后的黑葡萄放入压榨机中，利用压力压榨果汁。

将稍微着色的果汁进行发酵。

普罗旺斯与科西嘉岛的玫瑰红葡萄酒

新鲜清爽风格的玫瑰红葡萄酒多产自普罗旺斯，主要使用格连纳什、神索、佳利酿等品种，能感受到适度的草药和香草的香味。在最大的AOC普罗旺斯区，80%以上都是玫瑰红葡萄酒。科西嘉岛的玫瑰红葡萄酒味道也很浓郁，适合与意大利料理搭配饮用。夏卡雷罗和涅露秋（圣祖维斯）等当地品种主要用于佳酿。

诠释"普罗旺斯玫瑰红葡萄酒"魅力的3款酒

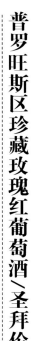

普罗旺斯区珍藏玫瑰红葡萄酒／圣拜伦庄园

Côe de Provence Reserve Ros / Chateau Saint Baillon

瓦尔玫瑰红葡萄酒／德芳庄园

Coteaux Varois Ros d'une Nuit / Domaine du Deffends

冷藏后饮用更佳
味道自然的辛辣玫瑰红

推荐理由

通过有机栽培，全部手工收获。该酒具有透明感，味道自然柔和，口味辛辣，将料理发挥到最大化。在葡萄酒名目《Alain Ducasse Paris》中，作为唯一一种玫瑰红葡萄酒，收录其中。冷藏后与食物搭配更佳。

🔴 **色**：橙红色中夹杂着些许橙色。

👃 **香**：桃和草莓果冻等各种果香，白胡椒和干香草，淡淡的花香。

👄 **味**：冲击力柔和，味道浓烈，具有透明感，*丝丝烧烤味*。

🍴 **料**：凉桃膏、餐前菜色拉、鱼蟹羹等鱼贝料理。炸串等，以及主要的肉类料理。

Data

产地 / 普罗旺斯产区普罗旺斯区	
品种 / 格连纳什、神索、佳利酿	
收获年份 / 2006　参考价格 / ￥2688	

果香、花香、香料迷人
爽口的玫瑰红

推荐理由

瓦尔区可谓是普罗旺斯的一级产区。葡萄田位于海拔350m处，土壤肥沃。该葡萄酒具有正宗法国南部玫瑰红的迷人香气，味道浓烈清爽。

🔴 **色**：少许气泡。橙红色。

👃 **香**：玫瑰灯花香，多种香草、杏的香气，具有浓缩感。

👄 **味**：口味清爽，核心味道浓烈。酸味适度、新鲜。

🍴 **料**：鱼蟹羹等鱼贝料理。味道浓烈的烤鳗鱼佐料汁。

Data

产地 / 普罗旺斯产区瓦尔区	
品种 / 格连纳什、神索	
收获年份 / 2006　参考价格 / ￥2900	

色：色泽　**香**：香味　**味**：味道　**料**：搭配料理

科西嘉岛费加列葡萄酒/卡纳何利庄园

Corse Figari / Clos Canarelli

在科西嘉岛的海风和阳光的孕育下
轻松干练的玫瑰红

推荐理由

费加列位于阳光强烈的科西嘉岛南部，海风萧瑟，温度差显著。通过传统耕作方法和有机栽培，发挥出葡萄的潜力，味道纤细优雅。

色：山鹑眼的颜色中夹杂着橙色。

香：熟成的葡萄柚及柑橘类香气，花香，干药草香，些许动物香气。

味：韵味悠长，极其优雅。触感柔和，香味循序渐进。

料：利用微火使香气发挥作用的白肉、猪肉等料理，以及意大利料理。

Data

产地 / 科西嘉岛产区费加列	
品种 / 夏卡雷罗、格连纳什	
收获年份 / 2005 参考价格 / ￥3528	

各地玫瑰红葡萄酒

安茹玫瑰红葡萄酒
Rosé d'Anjou

产自与普罗旺斯并驾齐驱的玫瑰红产地——卢瓦尔河谷安茹产区，以果若品种为主体，属于轻快甘甜的风格。在该产区还有以解百纳种、安茹解百纳为主体酿制的玫瑰红葡萄酒。

大维尔玫瑰红葡萄酒
Tavel

→P69

马沙内的玫瑰红葡萄酒
Marsannay

勃艮第产区夜丘最北部的村庄马沙内的玫瑰红葡萄酒很有名气。品种主要是黑皮诺，味道辛辣纤细迷人，酸味和矿物质感高雅清爽。

波尔多的玫瑰红葡萄酒
Bordeaux

近年来，波尔多也有很多庄园开始酿制少量玫瑰红葡萄酒。通过"出血方法"酿造的葡萄酒，或淡淡的红色，或樱桃红，风格迥异，值得品尝。在食用清淡料理时，配上冷藏后的清淡红葡萄酒更佳。

新世界的玫瑰红葡萄酒
New World

西拉斯、仙粉黛、格连纳什……品种多样化。浓郁熟成果实酿制而成，单宁适度，香料感十足，核心味道显著的风格。清淡适中甜味的桃红葡萄酒等，口味迥异，值得一尝。

适合与美味料理搭配的清爽白葡萄酒

卢瓦尔河谷的白葡萄酒

［关键词］

酸味高雅 / 矿物质感

在寒冷气候和土壤中酝酿而成
可轻松体验到优质酸味和矿物质感

　　在夏天烈日当头之时，马上映入脑海的可能就是卢瓦尔河谷的白葡萄酒，它酸味适度，棱角分明，易于饮用。说到适合就餐时饮用的葡萄酒，卢瓦尔河谷的白葡萄酒是不可或缺的选择。

　　卢瓦尔河全长超过 1000km，是法国最长的大河，葡萄酒产地自中部流域一直分布至下游流域。由于跨越区域面积较大，通常自下游流域依次将该产地分为四大产区——南特产区、安茹·索米尔产区、都兰产区、中央·尼维尔内产区。卢瓦尔河谷属于法国西部最北的产地，全域气候寒冷。白葡萄酒如实地体现着当地的气候和不同土壤的矿物质，酸味高雅。该葡萄酒在简单稳定的酒体之中，能充分发挥所搭配料理的美味。

　　卢瓦尔河谷四大产区的气候和土壤均不同，所栽培的葡萄品种也不一，呈现多样性。白葡萄酒的主要使用品种，在临海最近的南特产区有慕斯卡德，在中央两大产区有白诗南，在中央·尼维尔内产区有长相思。此外，卢瓦尔河谷亦被称为"法国之庭"，风光明媚，食物原材料丰富、自然美味。在此背景的依托下，卢瓦尔河谷的葡萄酒很适合与各种料理搭配。譬如清爽矿物质感的慕斯卡德与生牡蛎非常搭配；味道独特的索米尔地区白葡萄酒，则适

分布于卢瓦尔河谷沿岸的葡萄田。

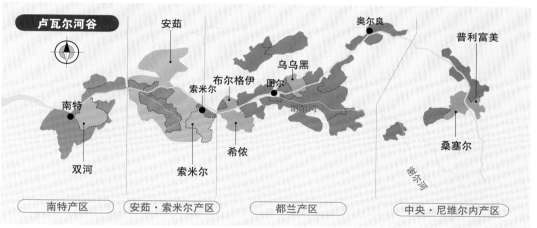

广域地图参见P139

合搭配蔬菜和河鱼等料理；要想发挥纯
正长相思的香气和矿物质，则适合搭配
使用香草的色拉和熏制鲑鱼等。当然，
没有理论上绝对的搭配，大家可尽情尝
试各种搭配的乐趣。

君岛的推荐要点

* 独特的酸味和矿物质感将料理发挥到
最大化
* 单一品种的简单化亦充满魅力

卢瓦尔河谷流域是美味的宝库，比起单独饮用，更
适合将葡萄酒与食物搭配饮用。北部产地的葡萄酒
酸气、矿物质感与果味达到完美的平衡，与食物搭
配相得益彰。该地葡萄酒基本上由单一品种酿制而
成，味道适中，易于饮用，魅力十足，且非常适合
与家庭料理及小酒馆菜系相搭配。

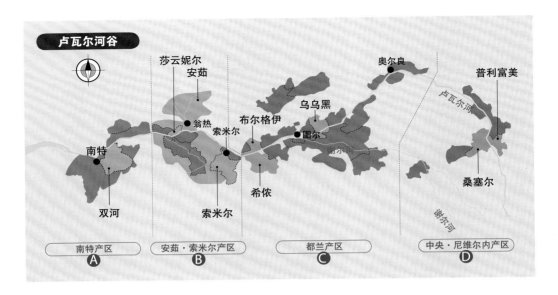

卢瓦尔河谷

莎云妮尔
安茹
奥尔良
普利富美
卢瓦尔河
乌乌黑
翁热
布尔格伊
索米尔
图尔
谢小浴
南特
希侬
桑塞尔
双河
索米尔
谢尔河

| 南特产区 Ⓐ | 安茹·索米尔产区 Ⓑ | 都兰产区 Ⓒ | 中央·尼维尔内产区 Ⓓ |

Loire 要点 ①

自下游至上游
主要品种不同

四大生产地区

　　卢瓦尔产地呈东西走向，面积广阔，横跨法国最长河流——卢瓦尔河流域。从临近大西洋下游的南特产区起，随着向内陆进展，气候自海洋性向大陆性转变，土壤也呈多样性变化，各产区栽培的主要品种也随之变化，给葡萄酒带来重要的影响。我们首先了解一下各产区和主要品种吧。

南特产区

Pays Nantais

以南特为中心，分布于河口区域的栽培产区，主要酿制慕斯卡德种的辛辣白葡萄酒。该酒酸味清爽、风味新鲜，与鱼贝类料理的搭配出类拔萃。

白葡萄酒主要品种 / 慕斯卡德
气候 / 海洋性气候

- -

主要AOC（辛辣口味白葡萄酒）/ 慕斯卡德

安茹·索米尔产区

Anjou · Saumur

由以安茹为中心的安茹产区和上游索米尔周边产区组成。安茹产区的土壤比较适合栽培白葡萄，由白诗南酿制而成的白葡萄酒从辛辣口味至高贵甘甜口味均有，范围极广。

白葡萄酒主要品种 / 白诗南
气候 / 海洋性气候

- -

主要AOC（辛辣口味白葡萄酒）/ 莎云妮尔

卢瓦尔葡萄酒的迷人乐趣

与料理易于搭配

卢瓦尔被称为"食物原材料的宝库"，坐拥大海、山脉、河流等优越的自然条件，从蔬菜、菌类，到肉、鱼贝、奶酪等，美味料理数不胜数 。同时，葡萄酒的风格也各式各样，它们体现着多变的气候和多彩的风土条件。享受与多样料理搭配的乐趣也是卢瓦尔葡萄酒的一大魅力。在这里，我们以代表性品种为主，简述一下与料理之间的搭配，旨在予以开启搭配乐趣之旅。

都兰产区

Touraine

以图尔为中心的地区。西部产区亦酿制优良红葡萄酒，东部产区则主要酿制白诗南优质白葡萄酒。乌乌黑以酿制多风格葡萄酒而闻名。

白葡萄酒主要品种 / 白诗南
气候 / 海洋性气候 / 大陆性气候

- -

主要AOC（辛辣口味白葡萄酒）/ 乌乌黑

中央·尼维尔内产区

Center Nivernais

在此产区，卢瓦尔河改变流向，开始南北流向。距勃艮第的夏布利产区较近，土壤亦是石灰岩质。它是法国代表性的长相思产地，桑塞尔和普利富美也产于此。

白葡萄酒主要品种 / 长相思
气候 / 大陆性气候

- -

主要AOC（辛辣口味白葡萄酒）/ 桑塞尔
　　　　　　　　　　　　　　　普利富美

卢瓦尔的
品种与搭配料理

■ 慕斯卡德
（勃艮第香瓜）

具有柠檬般柑橘系香气、清爽的酸味和矿物质感，通常与生牡蛎和珊瑚贝等搭配，亦可与白肉类、鱼贝类、野草天妇罗搭配饮用。

■ 白诗南

从辛辣口味、甘甜口味葡萄酒，到起泡葡萄酒，风格迥异，具有蜂蜜香和轻微的烟熏味，酸味馥郁，质感十足。适合与虾、蟹等甲壳类料理，以及白肉炖煮料理搭配饮用。

■ 长相思

具有药草和柑橘般风味，酸味浓烈，来自土壤的矿物质感强劲。可以与色拉、熏制鲑鱼、使用橙子汁的白肉生鱼片，以及山羊乳奶酪、民族风料理等搭配饮用。

诠释"卢瓦尔河谷白葡萄酒"魅力的3款酒

慕斯卡德死亡酵母白葡萄酒／鲁纳帕庞庄园

Muscadet Sèvre & Maine "Sur Lie" Cuvée Le "L" d'Or / Pierre Luneau-Papin

索米尔白诗南／瑞恩诺尔李格兰庄园

Saumur Blanc / Domaine Rene-Noel Legrand

矿物质感和生牡蛎相得益彰
凌驾于夏布利之上

推荐理由

该慕斯卡德白葡萄酒1ha葡萄酿制出的葡萄酒浓缩量可高达35L，非常浓厚，核心味道浓烈。清爽的酸气和馥郁的矿物质感与生牡蛎搭配相得益彰。酿制精良，陈年持久力强。

- 色：以绿色调为中心，闪亮的柠檬黄。
- 香：具有浓缩感，清爽柑橘系、未熟成的甜瓜香。
- 味：清爽的酸味，矿物质感十足，核心味道浓烈。
- 料：柠檬汁烤鱼、生牡蛎等。

Data

产地／南特产区双河	
品种／慕斯卡德	
收获年份／2006	参考价格／￥2604

水灵的酸气和蜂蜜般香气
正宗白诗南的魅力

推荐理由

淡雅的酒香，入口后有种清爽的酸味与辛辣味。柔和甘甜的口感是白诗南的独特之处，有类似洋槐花般的清新香味。为保证品质，该酒的原料种植栽培量少。

- 色：绿色中夹杂着些许黄色。
- 香：柑橘中散发着酸气，熟成的苹果中散发着如蜜般的甘甜。
- 味：与香气恰恰相反，入口后，柑橘般酸气马上扩散，浓烈有力。清晰的味道中给人留下醇厚的印象。
- 料：法国式黄油烤鱼和小酒馆料理等。

Data

产地／安茹・索米尔产区索米尔	
品种／白诗南	
收获年份／2004	参考价格／￥2016

色：色泽　香：香味　味：味道　料：搭配料理

索米尔白诗南/瑞恩诺尔李格兰庄园

Sancerre "Longues Fins" / Domaine Andre Neveu et Fils

长相思的魅力
达到绝妙的平衡

推荐理由

该庄园位于因山羊奶酪而闻名的夏维诺村，酿造者是擅长表现风土条件特征的名人。该酒具有正宗的长相思香气质感、酸味和矿物质感，绝妙的平衡也是长相思特有的。

色：闪烁耀人，黄色中夹杂着些许米色。

香：新鲜感中黄色果实和柑橘果味充裕。矿物质感犹如打火石般坚硬，略带药草香气。

味：香味十足，具有浓缩和轻快的冲击力，味道均衡协调。

配：鱼贝类色拉、熏制鲑鱼等。

Data

产地 / 安茹·索米尔产区索米尔	
品种 / 长相思	
收获年份 / 2005　参考价格 / ￥3600	

关于卢瓦尔河谷，这些知识亦值得关注

自然派的圣地

近年来，卢瓦尔河谷作为"Bio Dynamie"（参见P188）圣地而备受瞩目。所谓"Bio Dynamie"，即"有机农法"，其特征是参考月亮和行星的运行，使用较为神秘的农法。该理论倡导者尼古拉斯·卓利在莎云妮尔产区实践有机农法。由白诗南酿制而成的辛辣口味白葡萄酒"克洛斯德拉古力·色朗特"非常知名。

尼古拉斯·卓利和实践有机农法的葡萄田。

起泡葡萄酒

卢瓦尔河谷有很多起泡葡萄酒，风格迥异，瓶身上会标记出Crémant、Mousseux、Pétillant 3种标签。Crémant是除香槟酒产区外通过瓶内二次发酵酿制而成的起泡葡萄酒的总称。Pétillant指的是气压较低、具有弱起泡性的葡萄酒类型。而Mousseux和Créman指的是气压较高的葡萄酒类型。既有红、白、玫瑰红葡萄酒，且它们所使用的葡萄品种和酿制方法也千差万别。

了解一下甘甜葡萄酒的魅力和乐趣

卢瓦尔河谷的甘甜葡萄酒

［关键词］

贵腐葡萄酒

上乘的甘甜和酸气
非常适合与点心等食物搭配的贵腐葡萄酒

卢瓦尔河谷（甘甜口味产地）

肖姆·卡尔特

安茹

翁热

索米尔

布尔格伊

乌乌黑

图尔

谢尔河

都兰

索米尔
邦尼舒

莱雄山坡

安茹·索米尔产区　都兰产区

广域地图参见P139

说到葡萄酒，不可忽视的即是甘甜口味的贵腐葡萄酒。为了了解其魅力，请一定要品尝一下卢瓦尔河谷产区的白诗南甘甜白葡萄酒、莱雄山坡产区的贵腐葡萄酒。所谓"贵腐"，指的是完全熟成的葡萄通过果皮上附着的贵腐菌作用，使颗粒中的水分蒸发，之后葡萄的糖度便会提高。通过该种葡萄酿制而成的即是贵腐葡萄酒，其味道甘美、复杂浓郁。

提到贵腐葡萄酒，可能最初在脑海中浮现出来的便是苏特恩（波尔多），但苏特恩的贵腐葡萄酒价格

君岛的推荐要点

* 与甘甜永恒、上乘的酸气相伴
* 与食物搭配相得益彰

卢瓦尔河谷区的白诗南甘甜口味葡萄酒，让人充分感受到熟成的果实与蜂蜜般甘甜感，重点是合适的酸味不会让人产生丝毫的腻味感。甘甜中饱含着多种口感，在口中优雅地淡去。因此，建议与点心、奶酪或家禽肝脏酱如鹅肝酱等内脏系料理等就餐时享用。

都兰里杜庄园和谢尔河。

高，要求苛刻，适合单独饮用。与此相对，卢瓦尔的贵腐葡萄酒具有诱人的透明感，除了适合与点心搭配之外，还适合与山羊奶酪、鸡的内脏、家禽肝脏酱、鹅肝酱等食物搭配饮用。

这种得宜的搭配主要还是在于纯正白诗南的馥郁酸味和浓厚感，味道甘甜的同时，酸味又非常浓烈，二者保持着完美的均衡。该品种华丽的蜂蜜香和独特的干药草香气，让人饮用起来心旷神怡。当然，其闪耀的金色光泽亦美丽动人。

莱雄山坡位于卢瓦尔河谷的南侧，其中小面积产地邦尼舒和肖姆·卡尔特酿制的葡萄酒味道更加浓密。事实上，卢瓦尔的贵腐葡萄酒与苏特恩和阿尔萨斯的SGN（参见P73）并驾齐驱，亦被称为法国三大贵腐葡萄酒，味道美妙惊人，却又在情理之中。

走进味道浓厚甘甜的世界

贵腐葡萄酒

颜色变化、缩水打蔫的贵腐化颗粒。贵腐葡萄，需要按照贵腐程度，分批多次采摘，因此十分费时费力。

酿制甘甜口味葡萄酒的方法有多种，其中一定要了解一下贵腐葡萄酒的酿制法。如字面所示，"贵腐葡萄酒"指的就是使用贵腐化葡萄酿制而成的葡萄酒。所谓"贵腐化"，指的是通过完全成熟的葡萄果皮上附带的贵腐菌（灰霉菌的一种），使葡萄颗粒产生无数小洞，水分沿着这些小洞在日光的照射下蒸发，糖度也随之变高的现象。利用该种葡萄酿制而成的葡萄酒具有甘美、独特复杂的风味。贵腐化的产生，需要晨雾、白天干燥等一系列气候条件，因此贵腐葡萄酒产地仅局限于一些特定产地。此外，贵腐葡萄收获期较晚，必须要进行多次采收等要求，这也使酿制过程费时费力。并非所有的品种均适合酿制成贵腐葡萄酒，主要代表品种有白诗南、赛美蓉、威士莲等。

世界三大贵腐葡萄酒

索米尔贵腐葡萄酒
Sauternes

法国/波尔多地区

由赛美蓉种酿制而成的世界最高价位、极甜口味贵腐葡萄酒。其中，最为知名的是伊甘庄园优等特级贵腐葡萄酒。其酒精度高、味道浓厚甘美。通过熟成，进一步提高了其优雅度。

TBA枯葡精选
Trockenbeerenauslese

德国

位居德国品质等级最高等级。毋庸置疑，产地为指定栽培地域。该酒使用的最高等级威士莲陈年持久力强，可以保持100年以上的熟成且水灵之感丝毫不减。

托卡伊贵腐葡萄酒
Tokay Esszencia

匈牙利/托卡伊山脚产区

匈牙利的托卡伊地区被称为"贵腐葡萄酒的发祥地"。由福尔明品种酿制，香气馥郁、甘甜沁人、陈年持久力强。托卡伊的贵腐葡萄酒分为3个等级，该葡萄酒属于最高级别。

提到卢瓦尔贵腐葡萄酒产地
莱雄山坡产区

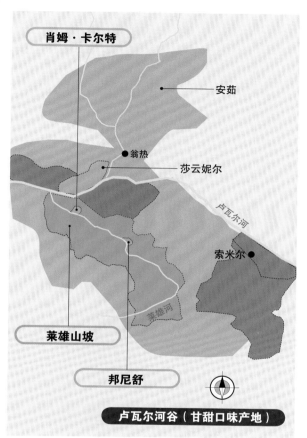

肖姆·卡尔特

安茹

翁热

莎云妮尔

卢瓦尔河

索米尔

莱雄河

莱雄山坡

邦尼舒

卢瓦尔河谷（甘甜口味产地）

卢瓦尔的白诗南既可酿制成辛辣口味，亦可酿制甘甜口味葡萄酒。辛辣口味中，还包括许多贵腐葡萄酒。说到甘甜贵腐葡萄酒的代表性产地，不得不提位于安茹产地卢瓦尔河谷左岸（南侧）的莱雄山坡产区。其中，更加优良的小规模产地有肖姆·卡尔特、邦尼舒、肖姆等。由白诗南酿制的贵腐葡萄酒的美妙之处在于，同时拥有浓密的甘甜以及该品种特有的清新酸味。

卢瓦尔的贵腐葡萄酒AOC

- 莱雄山坡
- 肖姆
- 肖姆·卡尔特
- 邦尼舒

素朴的疑问

Q 何谓 "Bio Dynamie"

A "Bio Dynamie"是法语，其英语说法是"Bio Dynamiques"。最初是奥地利思想家鲁道夫·斯坦纳提倡的一种神秘有机农法。其根本思想就是"土壤和葡萄树等一切事物皆存在于行星和宇宙等大法则中"。该农法不仅要求不可使用农药、化学肥料、除草剂等，还要结合月亮和行星的运行来从事农田作业，同时使用牛粪和牦牛角、水晶粉等，充分发挥出自然之力。只有这样，才能收获到健康、自然、和谐的葡萄。作为该农法先驱者和实践者有非常知名的卢瓦尔河谷产区的尼古拉斯·卓利和奥地利的力高拉荷夫庄园等（详细信息参见P188）。

诠释"卢瓦尔河谷甘甜口味葡萄酒"魅力的3款酒

都兰产区里杜半甜葡萄酒／荷西庄园
Touraine Azay-le-Rideau Demi-Sec / Château de la Roche

适合与家庭料理搭配饮用
口感洒脱的甘甜口味

推荐理由

葡萄采取传统的自然农法，严格控制收获量，形成的味道非常自然。该酒具有木梨和苹果般香气，些许贵腐香，甜而不腻。果味饱满，口感洒脱，适合与家庭料理搭配饮用，但不适合精致料理。

色：柠檬黄。黏性十足。

香：熟成的木梨、杏、苹果般蜜香，清淡的草药香，矿物质感十足。

味：自然的饱满感，不过于甘甜，果味和酸味洋溢于口中，非常洒脱。

料：简易内脏炖煮料理或奶酪等。

Data

产地／都兰产区里杜产地	
品种／白诗南	
收获年份／2003　参考价格／￥3108	

莱雄山坡圣凯瑟琳甘甜葡萄酒／博马尔庄园
Coteaux du Layon Clos Saint Catherine / Domaine des Baumard

纤细浓密、富有矿物质感的
甘甜口味来自莱雄山坡

推荐理由

该葡萄酒的优势，在于味道甘甜，又具有纯正白诗南的丰富酸气，同时美味消逝的过程是那么令人舒畅。此外，该葡萄酒的香气浓度高，又有矿物质感，余韵悠长，令人心旷神怡。

色：闪耀的金黄色。

香：上乘的黄桃蜜饯果香、浓厚的杏香。密度大、质感强。

味：具有浓缩感，宛如整颗果粒沁入口中。甘甜在口中扩散的同时，托酸味馥郁的福，消逝得又是那么舒畅，余韵绵长。

料：点心、上等鹅肝酱以及奶酪。

Data

产地／莱雄山坡	
品种／白诗南	
收获年份／2003　参考价格／￥6000	

色：色泽　**香**：香味　**味**：味道　**料**：搭配料理

Quarts de Chaume / Domaine des Baumard

肖姆·卡尔特甘甜葡萄酒／博马尔庄园

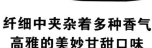

纤细中夹杂着多种香气
高雅的美妙甘甜口味

推荐理由

该葡萄酒可谓是卢瓦尔河谷甘甜口味的顶级。其中最优秀的酿造者之一便是博马尔庄园。贵腐适中，能够表现出风土条件，味道既纤细又优雅，同时复杂而不腻，余味饶舌。

色：金黄色中夹杂着少许绿色。

香：熟成的甘甜十足的桃香、干杏香、蜜香，而且香气交织复杂。

味：冲击力强，浓厚却不过于浓烈，十分优雅。上乘的甘甜在口中舒畅地消失，余韵绵长。

料：单独饮用，最好在一天结束之时。

Data

产地／肖姆·卡尔特产区	
品种／白诗南	
收获年份／2000	参考价格／￥7500

何谓"甘甜口味葡萄酒"

除贵腐葡萄酒外，甘甜葡萄酒还有诸多酿制方式。基本方法是通过提高葡萄汁的糖度，使酒精发酵完成时，酵母不完全分解，糖分会有剩余（称为"残糖"）。为了使糖分有剩余，也有使酒精发酵在途中终止的方法。以下给大家介绍几种通过提高果汁糖度打造的甘甜葡萄酒。

迟摘型葡萄酒

通过延迟收获期而提高葡萄糖度的葡萄酒。譬如德国的晚秋清甜葡萄酒、阿尔萨斯的迟摘型葡萄酒等，都是十分具有代表性的。

干燥型葡萄酒

通过将葡萄干燥后形成葡萄干，使果汁浓缩，糖度提高的葡萄酒。意大利的雷乔托、帕赛豆等都非常有名。

冰葡萄酒

在德国和加拿大等寒冷地区，在寒流的作用下，葡萄发生自然冰冻，将冰冻成固体状的葡萄进行压榨后，就可酿造出糖度非常高的果汁葡萄酒。

不再局限于甘甜口味的全新魅力

德国的葡萄酒

［关键词］

威士莲／风格

用迄今为止的常识已解释不通
产生北方界限的优雅力度

一直以来，德国葡萄酒给人留下一种"甘甜口味"的印象。从地图上看，德国产地位于北纬50°附近，这作为葡萄栽培地而言相当于位处北方的寒冷地区。因此，这种气候条件成就了易于熟成、糖度高的高品质葡萄。同时，由此酿制的葡萄酒出现了高酸度和高糖度达到完美平衡的风格。该风格属于传统形式，优质上品系列不仅味道甘甜，且伴随着通透的清凉感。

然而，近年来全新风格开始夺人眼球，几乎生产量的一半转向辛辣风格。此外，在全球变暖的影响下，葡萄更加容易熟成。因此，体现着风土条件和浓厚感的上乘辛辣口味当然不可错过。上乘的红葡萄酒亦备受关注。

威士莲品种最能表现出该风格的美妙。白色纤细的花朵和华丽的香气，以及水灵清爽的酸味，给味道带来了细腻浓密的质感，可以称为"生命极限"的洒脱酸气，在寒冷地区顽强地存活着。该品种亦被称为"反映着风土条件的镜子"，它是德国葡萄酒不可缺少的一分子。该地区的风土条件在体现着佳酿葡萄酒矿物质感的同时，也为葡萄酒增加了气度和深度。

蜿蜒的摩泽尔河以及沿岸的葡萄田。德国的大多数佳酿田均分布在河流沿岸的斜坡上。

德国全图

沿袭传统风格的摩泽尔佳酿田打造的葡萄酒，味道纤细，具有上乘的甘甜和柔和感。而另一佳酿地莱茵高打造的葡萄酒，将优雅的口感和紧密的力度体现得淋漓尽致，甘甜华丽香气与浓厚感凝聚一身的辛辣风格，打破了迄今为止的一贯印象。亦可与使用白肉的正宗料理相搭配，请一定要尝试一下。

君岛的推荐要点

＊高贵、意蕴悠长的威士莲品种
＊适合就餐时饮用的辛辣风格，不可错过

说到德国葡萄酒的魅力，首先值得一提的便是威士莲。其纤细高雅的香气和透明感，让初次品尝的人流连忘返，且意蕴悠长。能够将意蕴很好地体现出来的非风土条件绝佳的德国葡萄酒莫属。一直以来，德国葡萄酒给人留下的就是甘甜的印象，最近也出现了许多适合就餐时饮用的强劲有力的辛辣口味，请您一定不要错过。

摩泽尔地区的黏板岩土壤，排水能力强，同时善于吸收太阳热量，利于葡萄的熟成，并且赋予葡萄酒矿物质感。

位于陡峭斜坡上的摩泽尔葡萄田。在德国北方界线产地，为了有效吸收太阳热量，经常在陡坡上开垦葡萄田。

Germany 要点①

产生透明感十足的酸气和矿物质

北方界限的风土条件

德国葡萄酒的产地位于葡萄栽培地的北方界线——北纬50° 地域。这里有寒冷地区专有的特征和个性化的风土条件。从布局上来看，大多数葡萄田位于沿岸朝南的陡峭斜坡上。这里能够吸收到足够的太阳光热，同时还受河流的影响，缓解夜间骤冷带来的冲击。此外，这些优良的葡萄田排水能力强，土壤类型多样化。在这种得天独厚的条件下，葡萄保持着果味浓郁的酸气，积累了十足的矿物质。葡萄酒通透的酸气和个性化的矿物质，孕育了馥郁的香气。

作为生产地的特征

* 北纬50° 左右的严峻环境
  寒冷的气候既可浓缩果味，亦可产生浓郁的酸气。

* 缓坡和陡坡葡萄田
  最大限度地吸收日照热量，促进果实的熟成。

* 沿岸生产地
  接收太阳光的照射，缓解夜间骤冷带来的冲击。

* 土壤多样化
  反映着土壤的个性，味道中弥漫着矿物质感。

反映着风土条件的主要品种
威士莲

Germany 要点②

威士莲是德国高级葡萄酒使用的代表性高贵品种，属于晚熟类型，在寒冷土地更能发挥出真实价值。其所酿制的葡萄酒具有纤细华丽的香气，优雅浓缩的酸气馥郁，适合长期熟成，亦被称为"反映风土条件的镜子"。葡萄酒透明感之中，体现气候和土壤（矿物质）的复合味道亦魅力十足。

其他受关注品种

西万尼	贝露娃
Silvaner	Spätbrugunder

西万尼 Silvaner

洒脱的中性风味，属于酸味较弱的白葡萄酒品种。用西万尼酿制的葡萄酒多数为辛辣口味，与白色芦笋和海产品等搭配相得益彰。弗兰肯地区的该品种非常知名，具有坚硬矿物质的香气。

贝露娃 Spätbrugunder

黑皮诺在德国的称呼。以往，由于气候寒冷，葡萄酒难于彻底熟成，色泽清淡、酸味强烈。然而近年来，或许受全球变暖的影响，品质显著上升，并且更专注于优质自然的味道。

Germany 要点③

传统风格与新浪潮
甘甜口味和辛辣口味

德国葡萄酒的传统风格为甘甜口味，但气候寒冷造就葡萄品种酸气馥郁，酿造者需要用糖分的甘甜去中和浓烈的酸味，以此达到完美的平衡。一般情况下，该风格的葡萄酒酒精度数低，特级品则会将清爽的酸气与水灵的甘甜完美地调和在一起。另一方面，德国近年来辛辣口味的葡萄酒生产量几乎已经达到总产量的一半，由糖度充分提高的葡萄酿制而成的浓烈辛辣风格葡萄酒，口感华丽洒脱，适合就餐时饮用，充分体现出了当地风土的个性。

果感水灵

甘甜口味

作为特级品，包括传统等级（参见P154）的晚秋清甜葡萄酒、贵族冰甜白葡萄酒、奢侈的极甜TBA枯葡精选葡萄酒等。清爽的酸味与馥郁水灵的甘甜共存。

口感清爽，适合就餐时饮用

辛辣口味

关于辛辣口味的标记，曾使用过trocken（辛辣口味），halbtrocken（中辣口味）。作为新型等级，引进了Classic和Selection等（参见P154）。

诠释"德国葡萄酒"魅力的4款酒

伟那阳光园威士莲葡萄酒／露森庄园

Wehlener Sonnenuhr Riesling Kabinett / Dr.Loosen

透明的矿物质
酸味适宜的传统风格

推荐理由

酒脱饱满的酸味和透明感十足的矿物质相交织，摩泽尔佳酿田的风土条件被充分体现的传统风格葡萄酒。酿造者是威士莲复兴的提倡者。酒精度8%，果味柔和，属于中甜口味。

- 色：柠檬黄中夹杂着绿色。气泡细腻。
- 香：新鲜的青苹果和柠檬香气，酒脱馥郁的矿物质感，还有中草药香和淡淡的香料味。
- 味：冲击力适中，入口后，宜人的酸味涌上心头，非常酒脱。品质优良，甜味沁人心脾。
- 料：色拉、香肠的餐前菜。

Data

产地／摩泽尔地区威伦村	
品种／威士莲	
收获年份／2005　参考价格／￥4095	

吕德斯海姆雪堡威士莲辛辣葡萄酒／乔治波庄园

Rüdesheimer Berg Schloßberg Riesling trocken / Georg Breuer

透明感十足的强劲有力辛辣口味
适合就餐时饮用的全新风格

推荐理由

具有强劲有力的透明感和优雅感，由莱茵高佳酿田——雪堡打造的全新风格辛辣口味白葡萄酒。其具有饱满的香气、酸味、矿物质感和浓厚的味道，适合就餐时饮用，亦经常出现于巴黎三星酒店。

- 色：深金色中夹杂着少许绿色。
- 香：酒体馥郁饱满，伴随着香料味，还散发着青苹果和洋梨的香气。
- 味：非常浓烈。强劲有力的透明感中，鲜明的酸味沁人心脾，易于饮用。
- 料：鸡肉、猪肉等白肉的正宗料理。

Data

产地／莱茵高地区吕德斯海姆村	
品种／威士莲	
收获年份／2004　参考价格／￥9765	

色：色泽　香：香味　味：味道　料：搭配料理

贝露娃R Q.b.A. 辛辣葡萄酒/雨博酒庄

Spätburgunder / R / Qba trocken / Bernhard Huber

复杂感与强劲有力并存
味道自然的黑皮诺

推荐理由

近年来，德国孕育了大量优良品质的黑皮诺，最具代表性的是最南端巴登地区的马特丁恩村。该地土壤适宜葡萄的栽培，并给予了葡萄酒复杂感，味道强劲有力却又柔和自然，美味十足。

色：红宝石色中夹杂着少许橙色。

香：上品柔和。酒樽香气味不浓，熟成的洋李、木莓和草莓等香气。

味：柔和中隐藏着浓烈的冲击感。宜人的酸气蔓延于口中的每个角落，香味自然、纯粹。

料：烤鸭和烤鹌鹑等。

Data	
产地 / 巴登地区马特丁恩村	
品种 / 黑皮诺	
收获年份 / 2003	参考价格 / ￥11550

红砂岩威士莲与西万尼 Q.b.A. 葡萄酒/福斯特酒庄

Buntsandstein-Terrassen Riesling & Silvaner Qba / Rudolf Fürst

坚硬的矿物质感令人心旷神怡
西万尼酝酿的辛辣口味

推荐理由

在德国，弗兰肯因西万尼品种闻名遐迩。紧缩的酸气和坚硬的矿物质感，这种独特的风格的葡萄酒非常适合就餐时饮用。由于混合了50%的威士莲，口味更加清新自然。

色：气泡绵绵，深绿柠檬黄。

香：具有矿物质感，新鲜洋梨和青苹果的香气。

味：味道冲击力不大，但均衡感强，辛辣新鲜。

料：烤河鱼等简单料理。

Data	
产地 / 弗兰肯地区布鲁克修塔村	
品种 / 威士莲50%，西万尼50%	
收获年份 / 2004	参考价格 / ￥5460

通 过 与 料 理 搭 配 发 扬 光 大

意大利的葡萄酒

［关键词］

圣祖维斯

令人瞩目的品种众多
加倍就餐乐趣的多彩风格

意大利葡萄酒最显著的特色以及乐趣在于多样性，换言之，即"地域多样化"。气候和土壤富于变化，几乎纵贯南北方向的所有区域都在酿制葡萄酒。不仅如此，各产区的葡萄都保持着本地的个性，因此酿制的葡萄酒也多种多样。其实并不只是风土条件决定了多样化。最初，意大利的各个地区就是独立的小国家，葡萄酒与各地的日常生活、料理及文化也密切相关，不同的地域风情也造就了多样化的葡萄酒。

意大利葡萄酒还有一个特征，就是与料理之间的关系密切。葡萄酒原本是意大

君岛的推荐要点

＊享受与料理搭配的乐趣
＊比起详细的规则，酿制者的个性占着
　主导地位

意大利葡萄酒与食物搭配饮用，乐趣倍增。比起单独
饮用，与料理搭配后的美味更加惊人，而且搭配范围
极广。此外，即使是基昂蒂葡萄酒，它也包括多种类
型。比起详细的酿制规则，酿制者的个性占着主导地
位。人们能够轻松地享受到它的乐趣。

因巴罗罗、巴巴莱斯克而知名的皮埃蒙特阿尔芭
产区葡萄田（赛拉图公司）。

利人每日必饮之物。在日常生活之中，葡萄酒是就餐时不可缺少的饮品。或许就是在这种
背景下，意大利的葡萄酒在与料理的搭配之中存活下来。葡萄酒一跟料理搭配，意蕴就全
部改变了，连就餐也变得愉悦起来。就这样，葡萄酒与食物之间的距离拉近了，可搭配范
围也变广了。以意大利具有代表性的当地品种——圣祖维斯为例，它与番茄酱的搭配自不
待言，与乌鱼子、明太鱼子等鱼卵以及鱼类料理相搭配，还可除去腥味。

　　由于意大利葡萄酒多样化，在于其佳酿地广阔。说到大家最有必要了解的佳酿地，不
得不提皮埃蒙特和托斯卡纳，前者位于阿尔卑斯山山脚，三面被阿尔卑斯山包围，品种从
纳比奥罗，到佳酿葡萄酒巴罗罗、巴巴莱斯克，均产自皮埃蒙特；后者位于意大利中部，
主要酿制以圣祖维斯为主体的葡萄酒，其中较知名的有基昂蒂和布鲁内洛·蒙塔奇诺。味
道根据酿造者的不同而个性十足，这也体现了意大利葡萄酒的风格。

纳比奥罗

Nebbiolo

晚熟，酸味强烈，单宁馥郁强劲。长期熟成后，宛如百花齐放，玫瑰、紫罗兰、红色、黑色等各色果实香气，与香料、松露等复杂香气交融。酿制而成的葡萄酒质感十足，实属上品。

Italy
要点
①

伦巴第
特伦蒂诺·上阿迪杰
威尼托
弗留利·威尼斯朱利亚

皮埃蒙特

瓦莱达奥斯塔

瑞士

斯洛文尼亚

克罗地亚

米兰

威尼斯

艾米利亚·罗马涅

都灵

亚得里亚海

波斯尼亚·黑塞哥维那

法国

利古里亚

佛罗伦萨

马尔凯

托斯卡纳

翁布里亚

阿布鲁佐

拉齐奥

罗马

那不勒斯

莫利塞
普利亚

坎帕尼亚
巴西利卡塔

卡拉布里亚

第勒尼安海

撒丁

西西里

意大利

有必要了解的品种与知名酿制地 **1**
皮埃蒙特和纳比奥罗

　　皮埃蒙特位于意大利西北部阿尔卑斯山脚处，是意大利两大佳酿地之一。由于气候寒冷，该地也是美食之地，白松露和奶酪等食物原材料得天独厚。小规模生产庄园较多，基本上采取单一品种酿制葡萄酒。作为栽培品种，一定要知道的就是纳比奥罗，在意大利被称为"葡萄酒之王"的巴罗罗，以及"同胞"巴巴莱斯克，均由该品种酿制而成。巴罗罗通过传统方式在大酒樽中熟成，酸味浓烈，单宁强劲有力。经过长期熟成后，味道更加复杂浓郁。然而，近年来也逐渐出现了使用法国橡木酒樽实现"摩登巴罗罗"的熟成。青翠的果味和甘甜的酒樽风味，也是该葡萄酒的一大魅力。

主要葡萄酒和食物原材料、料理

〈葡萄酒〉
巴罗罗
巴巴莱斯克

〈食物原材料、料理〉
白松露、意式调味饭、
布拉市（奶酪）

有必要了解的品种与知名酿制地 **2**
托斯卡纳和圣祖维斯

托斯卡纳位于意大利中西部，濒临第勒尼安海，首府设在古都佛罗伦萨，是与皮埃蒙特并驾齐驱的两大佳酿地之一。该地区气候温暖，丘陵连绵，大规模生产者居多。该地葡萄酒酿造保持着"多品种混合"的传统，这与波尔多极其相似。它也是最能代表意大利的品种——圣祖维斯的最大产地，同时还生产基昂蒂、布鲁内洛·蒙塔奇诺等知名葡萄酒。圣祖维斯包括多种类别，但无论是哪一种，都具有柔和的果味和独特的酸味，单宁也保持着完美平衡，适合与料理搭配饮用。传统上都是使用大酒樽进行熟成，但近年来，酿造商也开始使用法国橡木小酒樽熟成，这种摩登风格的口感既饱满又甘甜，吸引着人们一品为快。

> **主要葡萄酒和食物原材料、料理**
>
> 〈葡萄酒〉
> **古典基昂蒂**
> **布鲁内洛·蒙塔奇诺**
>
> 〈食物原材料、料理〉
> **番茄系意大利面、丁骨牛排**

●
圣祖维斯
> Sangiovese

由于遗传变异，出现多种风格，但俊秀的气质无法掩饰洋李般熟成的洒脱，果味和酸味充满魅力，单宁均衡度高。其中布鲁内洛·蒙塔奇诺种的味道评价很高。

何谓"超级托斯卡纳"

一直以来，意大利葡萄酒不满足于现状，不被固有思维束缚，力图使用最新技术和法系品种打造最高级别葡萄酒——就这样，产生了"超级托斯卡纳葡萄酒"。它的雏形即是安提诺里族茵琪·迪拉凯塔公爵在托斯卡纳保格利产区打造的"西施佳雅"。赤霞珠在橡木小酒樽（新酒樽）短期熟成后酿制而成的摩登口味，因高品质而备受称赞。当人们意识到托斯卡纳土壤也非常适合波尔多品种的栽培后，意大利高品质波尔多风格的葡萄酒陆续上市，虽然这些并未收录在意大利葡萄酒法规中。此外，苏拉亚、铁挪尼洛、欧内拉亚等葡萄酒也非常知名。

诠释"意大利葡萄酒"魅力的4款酒

古典索瓦『卡鲁巴丽诺』葡萄酒\皮埃罗畔庄园
Soave Classico "Calvarino" / Pieropan

适合与味道浓烈的鱼贝类搭配
新鲜复杂的索瓦

推荐理由

"索瓦"属于纤细新鲜类型，非常适合与能发挥出素材之妙的鱼贝类料理相搭配。同时，该酒酒体偏重，味道复杂，具有浓缩感，与味道浓烈的鱼贝类料理搭配相得益彰。

色：深金色中夹杂着绿色。气泡较多。

香：烤过的洋梨和酸橙香，甘菊及柠檬草般药材香。

味：冲击力强，弥漫于口中，沁人心扉，余韵悠长。

料：使用橄榄油的鱼贝类意大利料理。

Data	
产地 / 威尼托古典索瓦产区	
品种 / 加格奈拉70%，扎比安奴30%	
收获年份 / 2003　参考价格 / ￥3600	

巴罗罗维纳科洛葡萄酒\安金达·歌库拉·巴罗娜庄园
Barolo Vigna Rocche / Azienda Agricola Erbaluna

醒酒后更加芳香
传统酿制能手打造的巴罗罗

推荐理由

传统巴罗罗醒酒后，单宁变得柔和。宛如熟成的果实，极其美味。该葡萄酒使用建于15世纪的知名葡萄田的葡萄，采取传统大型酒樽进行熟成。

色：深红宝石色中夹杂着橙色。

香：洋李、红色系果实香，各种香料、动物香，且香气稳定。

味：冲击力极强，单宁浓烈。久置后才能感受到它的柔和。

料：绿头家鸭、野猪等肉禽类料理。

Data	
产地 / 皮埃蒙特巴罗罗产区	
品种 / 纳比奥罗	
收获年份 / 2003　参考价格 / ￥8400	

色：色泽　**香**：香味　**味**：味道　**料**：搭配料理

奥纳亚葡萄酒／奥纳亚庄园

Ornellaia / Tenuta Dell'Ornellaia

口感厚重、柔如丝绸
不愧是超级托斯卡纳

推荐理由

名门世家奥纳亚次子洛多维科侯爵在精选地保格利打造超级托斯卡纳。它使用波尔多品种，采取熟成方法。酒体纤细，果味完美，酒香柔和。

色：色泽很深的石榴石。黏性十足。

香：果香浓厚复杂。稳重的黑色系果实、雪茄香，又蕴含着黑松露香，香气饱满。

味：力量与优雅兼备，宛如丝绸般顺滑，单宁融洽。

料：小羊和上等牛肉等优雅料理。

Data

产地／托斯卡纳保格利产区

品种／赤霞珠60%，梅尔诺25%，品丽珠12%，小味尔多3%

收获年份／2004　参考价格／￥19500

古典基昂蒂布罗利奥城堡葡萄酒／瑞卡梭利男爵庄园

Chianti Classico Castello di Brolio / Barone Ricasoli

由传统酿造者打造
浓厚的摩登基昂蒂

推荐理由

由位于古典基昂蒂布罗利奥之丘的名门世家瑞卡梭利打造而成。以圣祖维斯为主体，混合着少量法国品种，在法国橡木小酒樽中熟成。酒体强劲有力又浓厚优雅。

色：色泽很深的石榴石。黏性十足。

香：黑醋栗、黑樱桃等黑色系果实香，鞣皮、桂皮、丁香等香味浓郁。

味：口感浓烈，单宁持久宜人。

料：丁骨牛排等口感稍硬肉类。

Data

产地／托斯卡纳古典基昂蒂产区

品种／圣祖维斯（主体），赤霞珠、梅尔诺（各少量）

收获年份／2003　参考价格／￥6200

葡萄酒的乐趣骤增

雪利和酒精强化葡萄酒

［关键词］

餐后 / 持久性

饮用一点即能感觉得到它的强烈口味
适合从餐前到食用点心期间慢慢饮用

可能有很多人还没听过酒精强化葡萄酒，所谓"酒精强化"，指的是在酒精发酵的前后或途中，加入蒸馏酒（将葡萄酒蒸馏而成），使酒精度数提高15~22度。葡萄酒通过酒精强化，质感会提高，持久性也会加强。该种葡萄酒耐高温，适合航海出行备带，在近海港地区发展起来。它与普通非起泡葡萄酒有些许不同，了解这些不同，会让饮用葡萄酒的乐趣骤增。

作为酒精强化葡萄酒代表，首先向大家推荐的是西班牙安达卢西亚地区的雪利酒。此外，在阿尔巴尼亚（Albarica）这种独特石灰质土壤中孕育的巴洛米诺品种葡萄酿制而成的辛辣白葡萄酒，可谓是酒精强化酒的基础，再经过独立的熟成过程，赋予了其独特的风味，同时酸味和香气兼备。虽然统称"雪利酒"，但它包括多种类型，譬如冷藏后的辛辣口味"菲瑙"，不仅是一种餐前酒，还适合与咸鱼、贝类、生火腿、油炸食品等搭配饮用，可搭配范围极其广泛。

在罗纳河谷南部和鲁西荣等法国南部，VDN（天然甜葡萄酒）酒精强化葡萄酒备受关

君岛的推荐要点

* 餐前冷藏更佳，亦适合与点心
  搭配

* 可人之处需逐步感受

令人感到意外的是，许多喜欢葡萄酒的人
竟然享受不到该系列的乐趣。其实，除了
餐前冷藏后少量饮用，也适合与点心自由
搭配饮用。实际上雪利酒包括多种风格，
甘甜口味VDN不仅甘甜，还散发着无穷魅
力的芳香。由于陈年持久力强，大家完全
可以逐步感受它的可人之处。

西班牙安达卢西亚地区的葡萄田，其白色石灰质土壤给人留
下深刻的印象。

西班牙全图

马德里　巴塞罗那

注。它通过在酒精发酵的途中添加蒸
馏酒终止发酵而成，口味甘甜。还有
生动果实酸十足的伯姆·维尼斯麝香
甜白葡萄酒，干果味十足、与巧克力
相得益彰的班努斯葡萄酒等。它们既
可以作为餐前酒，又可以与点心搭
配。启封后可以在冰箱中长期保存，
请尽情享用葡萄酒带来的各种乐趣。

里斯本

拉曼恰

蒙的亚·莫利莱斯

马拉加

赫雷斯·雪利

安达卢西亚地区

西班牙　　摩洛哥

尽情享受各种类型的乐趣吧

雪利酒

雪利酒包括多种类型，其中，最基本的类型有菲瑙、曼查尼亚、艾门提拉多、欧洛罗4种，再加上甘甜口味和中间口味的，共计10种。当然，各类型味道都有所不同，了解它们之间的差异后，享受雪利酒将变得更加充满乐趣。那么，这种差异源自何处呢？这是由于产生特有风味的熟成过程存在着很大的不同。雪利酒是在酒精强化葡萄酒达到酒樽3/4状态时开始熟成，葡萄酒的表面会浮上一层称为Flor（酸膜酵母）的白膜。该Flor会抑制酸味熟成的进行，同时赋予其独特的风味。其中主要的差异就在于，在熟成的过程中是否会出现Flor，以及熟成的状态和程度。

照片中覆盖在液面上的白膜即Flor（酸膜酵母）。该膜由酵母产生，在抑制过度酸化的同时，赋予雪利酒独特的风味。

何谓 "Solera System"

雪利酒的熟成方法还有一个特征——Solera System（葡萄酒的陈年系统）。这是老葡萄酒和新葡萄酒相叠的储存方式（五年葡萄酒取出1/3后，空出之处将会被四年葡萄酒填满，四年空出之处将会被三年填满……依此类推）。通过该种方式，将形成一种自然的混合体系，永远保持一定的品质和个性，每年都会产生一定的熟成感（就像老字号鳗鱼店挂着的鳗鱼干那样）。

雪利酒的4种基本类型

菲瑙
Fino

酒精强化至15度左右，表面被Flor覆盖的一种熟成状态。呈淡麦黄色，带有清淡的辛辣味。香气与杏仁相似。

艾门提拉多
Amontillado

呈琥珀色，菲瑙进一步熟成的酒，带有类似坚果的香味。

曼查尼亚
Manzanilla

与菲瑙属于同一类型，产于海边城市圣路卡。酸味中夹杂着咸味。

欧洛罗
Oloroso

呈茶系琥珀色，酒精强化至17度左右，无Flor熟成的酒。氧化熟成后，带有醇厚浓郁的辛辣味。

※ 此外，还有使用希门涅斯（PX）和麝香葡萄酿制而成的甘甜口味、PX和欧洛罗混合而成的克林姆雪利酒等，类型丰富多彩。

Sherry&VDN
要点
②

VDN（天然甘甜葡萄酒）亦不可错过
酒精强化与VDN

酒精强化的概念已讲过，其实酒精强化葡萄酒也有多种类型。譬如白色和红色、辛辣口味和甘甜口味，由于酒精强化葡萄酒最初是作为航海葡萄酒发展起来了，产地均沿着港口附近分布。甘甜口味与辛辣口味的差异在于，酒精强化发生在哪一阶段。作为甘甜口味的点心搭配葡萄酒，首先向大家推荐的是产自法国南部朗格多克–鲁西荣的VDN（天然甘甜葡萄酒），还有产自罗纳河谷南部的伯姆·维尼斯葡萄酒，其麝香的水灵果味得到充分发挥。此外，产自鲁西荣的班努斯葡萄酒，其浓厚的甘甜中浓缩着复杂风味，与巧克力相得益彰。这些均属于非常美味的甘甜口味。

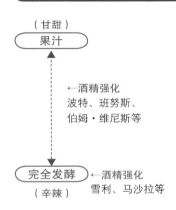

酒精强化与甘甜口味和辛辣口味的关系

（甘甜）
果汁

←酒精强化
波特、班努斯、
伯姆·维尼斯等

完全发酵　←酒精强化
（辛辣）　　雪利、马沙拉等

甘甜、辛辣口味由酒精强化的时机而定。在发酵途中进行酒精强化，由于糖分残留较多，酒精度低，则口味甘甜；而在完全发酵后进行酒精强化的话，则口味辛辣。

VDN代表

班努斯
- ·产地：法国鲁西荣地区
- ·类型：红（白、玫瑰红）·甘甜
- ·度数：18度左右

伯姆·维尼斯
- ·产地：法国罗纳地区
- ·类型：白·甘甜
- ·度数：15度左右

世界三大酒精强化葡萄酒

雪利
- ·产地：西班牙安达卢西亚地区
- ·类型：白·辛辣~甘甜
- ·度数：15~22度

波特
- ·产地：葡萄牙杜罗河谷流域
- ·类型：红（白）·甘甜（辛辣）
- ·度数：16.5~22度

马德拉
- ·产地：葡萄牙马德拉岛
- ·类型：白·辛辣~甘甜
- ·度数：17~22度

诠释"雪利酒与VDN"魅力的4款酒

雪利酒

阿尔曼圣斯塔菲瑙·迪拉古斯达雪利酒/卢士涛庄园

Almacenista Fino del Puerto Jose de la Cuesta / Emilio Lustau

潇洒复杂的香气
洒脱的辛辣菲瑙

推荐理由

在雪利酒中，菲瑙属于清新的辛辣类型。储存仓库位于湿气与海风兼备的气候之中，造就了复杂的香气和浓厚的口味。酸味浓烈、口感洒脱，适合与油炸食品等搭配。

- 色：淡金色中夹杂着绿色。
- 香：切苹果时的清新蜜香，矿物及油感，西洋醋、木头香，坚果、葡萄干香。
- 味：冲击力强，酸味浓烈厚重。
- 料：炸串、西班牙风味碳烤猪肉串等。

Data	
产地 / 西班牙安达卢西亚地区圣塔玛利亚	
品种 / 巴洛米诺	
收获年份 / NV　参考价格 / ¥3675	

雪利酒

阿尔曼圣斯塔欧洛罗·加利纳帕特雪利酒/卢士涛庄园

Almacenista Oloroso de Jerez Pata de Gallina / Emilio Lustau

甘甜的烟熏香气和熟成感
酒体浓厚气派的欧洛罗

推荐理由

具有熟成感，口味润滑，香气中带有些许甘甜的烟熏味。酒精度较高，酒体偏重。欧洛罗属于轻微甘甜的类型，但浓厚洒脱的口感给人留下深刻的印象。

- 色：琥珀色中夹杂着茶色。
- 香：杏仁、榛子香，焦糖沙司布丁香。具有熟成感，但并非过分熟成。
- 味：酸味适度，味道浓厚，口感洒脱。
- 料：火腿、烤猪肉串、香肠等料理。

Data	
产地 / 西班牙安达卢西亚地区赫雷斯	
品种 / 巴洛米诺	
收获年份 / NV　参考价格 / ¥5775	

色：色泽　香：香味　味：味道　料：搭配料理

VDN

Muscat de Cap Corse / Domaine Antoine Arena

科西嘉角麝香VDN／安东尼·阿瑞纳庄园

VDN

Banyuls Grand Cru "André Mangeyres" / Domaine Vial Mangeres

班努斯特级安祖玛涅斯VDN／瓦尔玛涅斯庄园

水灵的甘甜渗入体内
麝香点心葡萄酒

推荐理由

由科西嘉岛引人关注的生产者打造而成，这款葡萄酒直接传达着麝香的果感，核心味道显著，柔和清新，直逼体内。它适合与各种点心搭配。

色：艳丽透明的金色。

香：洋梨、蜜饯、橘皮果酱香，甘菊等中草药香。甘甜复杂。

味：味道水灵自然，顺滑优质的甘甜在口中扩散开来。核心味道浓烈，但不会感到厚重。

料：洋梨果馅饼、水果点心等。

Data	
产地／法国科西嘉地区	
品种／麝香	
收获年份／2005　参考价格／￥5700	

浓密甘甜中散发着复杂香气
与巧克力系点心相得益彰

推荐理由

该班努斯葡萄酒产自临近西班牙国境的法国南部，是值得珍藏的甘甜口味葡萄酒。它在古酒樽中进行5年熟成，浓厚的甘甜中，散发着梅干般果味及红茶、桂皮等复杂香气，非常适合与巧克力系点心和水果搭配饮用。

色：琥珀色中夹杂着红色，以及少许橙色。

香：梅干、醋栗、干果香，巧克力及红茶香，香气甘甜复杂。

味：冲击力强，极其甘甜。酸味稳定，余韵悠长。

料：焦糖炖蛋、巧克力等。

Data	
产地／法国鲁西荣地区班努斯	
品种／黑格连纳什	
收获年份／1995　参考价格／￥7000	

新产地品种的魅力与乐趣

新世界的国际品种葡萄酒

［关键词］
国际品种

得益于新的风土条件
呈现出多种风情的新世界品种

　　提到新世界葡萄酒，通常给人以酒精度数高、果味强烈、能够感受到熟成葡萄风味的印象。 新世界葡萄酒虽然强劲有力，但酸度较低，味道缺少复杂感。然而近年来，这一情况有所转变。优秀酿造者更加重视该地的风土条件，采取更适合该地的栽培方法，酿造出充分体现各地优雅个性、充满魅力的葡萄酒。新世界葡萄酒不断涌现，其魅力不可忽视。

　　所谓"新世界"，就是相对于欧洲传统葡萄酒生产国而言，属于葡萄酒生产历史较短的新兴国家和地区，具有代表性的国家有美国、澳大利亚、新西兰、智利、南非等。这些新世界产地，气候大多温暖干燥，葡萄易于熟成，葡萄酒特征就是由这种气候条件决定的。

　　此外，这些地区并没有属于该地的酿造专用葡萄品种，葡萄全是从传统国引进而来。尤其是20世纪70年代以后，高品质葡萄不断涌现，从中精选出的葡萄品种至今仍在全世界各地进行大规模栽培，它们被称为"国际品种"，主要包括赤霞珠、梅尔诺、黑皮诺、西拉斯、霞多丽、长相思等法国系优良品种。

美国加利福尼亚州的黑皮诺农田。

君岛的推荐要点

* 新世界因酿造者的选择而精彩
* 新世界的魅力仍在继续

新世界的优秀酿造者选择优良的农田，旨在打造能体现出风土条件的葡萄酒，大量生产优质的葡萄酒。新世界的优点即是自由。酿造者对其倾注所有的热情和最新锐技术与方法，不仅品质上在一直提高，味道的范围和深度、优雅度也在不断加强。

即使使用同一品种，但由于产地不同，日照条件、土壤等不同，造成葡萄的熟成程度也不同，葡萄酒的口感和味道因而会出现差异。这也是葡萄酒的有趣之处。譬如美国加利福尼亚的赤霞珠和新西兰的黑皮诺等，个性呈现明显的差异。

新世界的主要国际品种

红

赤霞珠
Cabernet Sauvignon

黑皮诺
Pinot Noir

西拉斯
Shiraz

白

霞多丽
Chardonnay

长相思
Sauvignon Blanc

※ 此外，还有梅尔诺（红）、威士莲（白）等品种

121

New world 要点① 新世界的 赤霞珠

Cabernet Sauvignon

赤霞珠是至今在全世界被广泛栽培，超有人气的黑葡萄品种，喜好温暖干燥的气候，以及排水性能强的土壤。这一喜好与新世界的风土条件相吻合，美国加利福尼亚全域（特别是纳帕谷）和智利的赤霞珠非常著名。一直以来，提到赤霞珠，用其酿制的葡萄酒通常给人留下过于熟

成、酒精度高、力道偏重以及宛如果酱般的印象。然而，如今在优秀酿造者的打造下，该印象已经被颠覆。通过对葡萄田的选择，采取适合土壤的栽培方法，采用精细的酿造，口感顺滑优雅的葡萄酒正在不断增加。

代表性产地

美国加利福尼亚的纳帕谷
智利的马泊谷等

旧世界
法国波尔多左岸

黑皮诺喜好寒冷气候，对风土条件有所挑剔，属于苛刻品种。长期以来，除原产地勃艮第以外，在其他地区很难栽培成功。不过近年来，在新世界也涌现出一些充满魅力的产区，这得益于栽培技术提高和风土条件的选择，当然也局限在气候寒冷的地区。代表性产地有美国加利福尼亚的索诺玛海岸和俄勒冈州，以及新西兰的马丁堡和中央奥塔哥。其华丽怜人的香气，配上富丽堂皇的质感，极其美味。

New world 要点② 新世界的 黑皮诺

Pinot Noir

代表性产地

美国加利福尼亚的索诺玛海岸
新西兰的中央奥塔哥等

旧世界
法国勃艮第

New world 要点③ 新世界的 西拉斯

Shiraz

西拉斯与法国罗纳河谷北部栽培的西拉属于同一品种，但由于气候和酿造方法，以及酿造用的橡木酒樽的不同，澳大利亚的西拉斯表现出完全不同的个性。通常情况下，西拉的色泽较深，所酿制的葡萄酒给人带来浓浓的辛辣印象。而西拉斯所酿制的葡萄酒口感柔和、

酸味适中，散发着丁香和姜粉等东洋系香气。酿造过程中多使用具有橡木香气的美国橡木酒樽，让香气更具质感，非常适合与带有些许野性的肉类料理搭配饮用。

代表性产地

澳大利亚各地

旧世界
法国罗纳河谷北部

超有人气的白葡萄品种，在全世界的葡萄酒生产国均有栽培。适应能力强，如实地反映着生产地的气候条件、土壤以及酿造者的聪明才智。因此，霞多丽打造的葡萄酒风格多样化，在风味方面，寒冷产地打造的具有青苹果和柑橘类的香气，气候越暖则又呈现出菠萝及其他热带水果的香气变化趋势。该品种与酒樽的搭配性强。酒樽的活用方法、是否乳酸发酵等，均会影响着葡萄酒的味道。在新世界，与原产地气候条件类似的地中海气候亦适合该品种的栽培，譬如美国加利福尼亚的索诺玛海岸、南非的斯泰伦博斯等。

New world 要点④

新世界的
霞多丽
Chardonnay

代表性产地
美国加利福尼亚的卡内罗斯
南非的斯泰伦博斯等
旧世界
法国的勃艮第

New world 要点⑤

新世界的
长相思
Sauvignon Blanc

代表性产地
新西兰的马尔堡
智利的利达山谷等
旧世界
法国的卢瓦尔（上游流域）

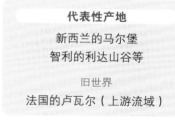

关于新世界的长相思，得到大家一致性最佳口碑的非新西兰（马尔堡产区等）产莫属。以其酿造的葡萄酒具有柠檬及酸橙般果实的水灵劲，同时又有青草及香草的香气，爽快的口味给人留下深刻的印象。清凉产地的通常会产生青草般香气，而温暖产地的香气更倾向于葡萄柚等热带水果香。在美国加利福尼亚，被称为"富美布朗克"的长相思多数要通过酒樽发酵和熟成，属于浓厚的类型。风格主要呈现上述两种方向性。

诠释"新世界"魅力的12款酒

西尔佛多庄园/鹿跃产区赤霞珠葡萄酒

Silverado Vineyards / Cabernet Sauvignon SOLO Stag's Leap District

果香浓郁
纳帕谷一流农田酝酿的解百纳

推荐理由

入口后，果实的浓郁感十分宜人，复杂的要素得以充分浓缩，还带有酒樽的烤肉香。鹿跃产区是纳帕谷的代表性知名葡萄田。在往昔的"巴黎对决"中获胜，向全世界显示了加利福尼亚的实力。

色：深石榴石色中夹杂着紫色。黏性十足。

香：熟成的黑莓、醋栗甜香，干草香、浓郁的黑香草香，清淡的烤肉香。

味：单宁稚嫩浓缩。果香十足，余味久留齿间。

料：汉堡牛肉饼及炸肉饼等。

Data
产地／美国加利福尼亚州纳帕谷
品种／赤霞珠
收获年份／2004　参考价格／￥11557

梅里韦尔庄园/纳帕谷『风云人物』

Merryvale / "Profile" Napa Valley

口感柔和细腻
产自纳帕谷的波尔多混合风格

推荐理由

该葡萄酒产自纳帕谷，质感浓密、口感纤细柔和，属于波尔多混合风格。酿造者严格控制、批量筛选，在法国橡木新酒樽中进行熟成，且封瓶前不过滤。该酒可谓以高品质为导向的酿造者打造的顶级之物。

色：深石榴石色。黏性十足。

香：醋栗、奶油、黑莓、酒樽香和黑胡椒香。酒精挥发的气息。

味：浓密口味的冲击，单宁馥郁，但十分纤细柔和。余韵悠长。可即饮，亦可存放一段时间再饮用。

料：低脂肪红肉等料理。

Data
产地／美国加利福尼亚州纳帕谷
品种／赤霞珠56%、梅尔诺40%、品丽珠3%、小味尔多1%
收获年份／2004　参考价格／￥16500

色：色泽　**香**：香味　**味**：味道　**料**：搭配料理

蒙嘉斯葡萄酒／云顶山庄园

MontGras / Ninquén

辛辣浓缩的果味
即饮亦佳

推荐理由

Ninquén意为"山的高岗"。酿造者蒙嘉斯一直致力于探寻适合葡萄栽培的土壤和气候。浓缩的香气和复杂性体现着智利解百纳的高水平。另外，该酒仅在葡萄丰收年进行酿制。

色：石榴石色中夹杂着少许紫色。

香：异国风情的浓郁酒香，其中浓缩了黑色果实（黑加仑与黑莓）与可可、巧克力、葡萄干的香气。

味：口感强烈，入口后果实味瞬间扩散。顺滑而且味道丰富的单宁。

料：搭配汉堡或烤肉等，口感绝佳。

Data	
产地／智利中央山谷地区科查瓜山谷	
品种／赤霞珠、梅尔诺	
收获年份／2004 参考价格／￥4507	

克夫拉达德马库葡萄酒／多慕斯庄园

Vina Quebrada de Macul / Domus Aurea

复杂的香气与均衡感中
展现着智利的风土条件

推荐理由

以理想的葡萄酿制为宗旨，选择合适的土壤，控制葡萄的收获量，使用严格筛选后的葡萄。酒体强劲浓厚的同时，果实、香辣料与土壤的复杂香气相交融，展现着智利优质的风土条件。此外，均衡感亦恰到好处。

色：深石榴石色，黏性强。

香：花与土壤、熟成的洋李与醋栗、黑樱桃香。东方式香辣料、巧克力、鞣革香，香气复杂，宛如一篇美妙的乐章。

味：强劲有力，均衡感强，品质优良，味道柔和优雅。

料：高品质、低脂肪的肉类，法国料理等。

Data	
产地／智利中央山谷地区马泊谷产区	
品种／赤霞珠	
收获年份／2004 参考价格／￥6500	

诠释"新世界"魅力的12款酒

里鹏庄园/黑皮诺葡萄酒

Rippon / Pinot Noir

味道中散发着寒冷感
来自中央奥塔哥的黑皮诺

推荐理由

中央奥塔哥位于新西兰南岛的南部，所处纬度较高，因非常适合黑皮诺的栽培而备受关注。红果实浓缩的复杂香气与富裕酸味，让人切实地感受着寒冷的风土条件。

色：红宝石色中央带着些许绿色和橙色。

香：用心去体味，就会感受到熟成的洋李和木莓、桂皮等香气。轻微的红茶与枯叶口感。

味：与色泽相比，味道的冲击力更强，质感十足，酸味馥郁，余韵适中。

料：添加木莓果酱的洗浸奶酪等。

Data	
产地 / 新西兰中央奥塔哥产区瓦纳卡湖	
品种 / 黑皮诺	
收获年份 / 2004　参考价格 / ￥6615	

里特莱黑皮诺葡萄酒/安德森谷萨瓦庄园

Littorai / Savoy Vineyard Pinot Noir Anderson Valley

诞生于北海岸沿岸
品质优雅上乘

推荐理由

酿造者积累了在勃艮第时的经验，摒弃较高的酒精度数以及过于熟成的口味，选择北海岸北部沿岸的风土条件生产葡萄。该酒具有复杂的香气和清爽的果味，以及优雅的口味。

色：深红宝石色中央带着些许橙色。

香：香气复杂。潮湿森林的土壤香、熟成的木莓和洋李香、少许动物香，以及红茶、玫瑰花、茉莉花香与东方式辛辣香。

味：味道复杂柔和、优雅，强劲有力，单宁纤细浓烈。

料：使用大量蘑菇的鸡肉料理等。

Data	
产地 / 美国加利福尼亚州门多西诺	
品种 / 黑皮诺	
收获年份 / 1998	

色: 色泽　**香**: 香味　**味**: 味道　**料**: 搭配料理

Clonakilla / Hilltops Shiraz

科罗纳科拉庄园／希托普斯西拉斯葡萄酒

Two Hands / Bella's Garden Barossa Valley Shiraz

双掌庄园／花园系列巴罗莎谷西拉斯红酒王

浓厚的力道与辛辣感
正宗澳大利亚西拉斯

推荐理由
该庄园位于新南威尔士州堪培拉北部40km左右之处。葡萄酒色泽极其深浓，具有熟成黑色系果实的果味和香辣味，口感强劲，换瓶醒酒后更加美妙。

色：深红宝石色中夹杂着紫色。黏性馥郁。

香：黑樱桃蜜饯、醋栗和黑莓的甜香，黑橄榄等各种黑色系果实香气。

味：冲击力强，蔓延到口中的每一角落，单宁馥郁沁人。

料：充分发挥葡萄酒的血沙司、香辣料效果的肉类料理，烤牛肉和小羊肉等。

Data
产地 / 澳大利亚新南威尔士州	
品种 / 西拉斯	
收获年份 / 2005	参考价格 / ￥5500

力道之中蕴含着饱满的果感
西拉斯浓厚强劲

推荐理由
该庄园在巴罗莎谷受到很高的评价。此款酒酒质虽强劲有力，但换瓶醒酒后，平衡感立刻完美交融，熟成的果实香尽情涌现。丁香和桂皮等东方系香辣味给人留下深刻的印象。

色：紫色调的深红宝石色。黏性馥郁。

香：熟成的醋栗和黑莓香，丁香和桂皮等香辣香，浓黑辣椒、薄荷、铁屑、甘甜橡木香气。

味：质感相当强烈，酒精度高，果味纯粹馥郁。

料：椒盐烤肉等。

Data
产地 / 澳大利亚南澳大利亚州巴罗莎谷产区	
品种 / 西拉斯	
收获年份 / 2005	参考价格 / ￥10395

诠释"新世界"魅力的12款酒

西蒙舍酒庄\霞多丽白葡萄酒

Simonsig / Chardonnay

热带雨林风味、爽快感十足
南非优雅的柔和一览无遗

推荐理由

斯泰伦布什日照时间长，受来自大西洋和印度洋的凉风吹袭，造就该款酒具有清淡的热带雨林风味与酸橙般清凉感，酒樽香气适中，酸气清爽。优雅的平衡感给人留下深刻的印象。

- **色**：柠檬黄中夹杂着些许绿色，黏性适中。
- **香**：天然菠萝和些许酸橙、上品酒樽香，清淡的杏仁和坚果香，以及药草和白胡椒香。整体上讲，清爽且熟成感十足。
- **味**：冲击力强，酸味浓烈。余韵恰到好处，沁人心田。
- **料**：鸡肉沙拉及使用黄油的炸食。

Data

产地	南非斯泰伦布什产区
品种	霞多丽
收获年份 / 2005	参考价格 / ￥2100

花之酒庄\营地山霞多丽白葡萄酒

Flowers / Chardonnay Camp Meeting Ridge

灵气的矿物质感与浓缩感
索诺玛海岸屈指可数的美味

推荐理由

该霞多丽产于受寒冷气流影响的索诺玛海岸的陡峭斜坡上。酒体馥郁，充满矿物质感，酸气浓烈，味道水灵浓厚。优雅的水果味过后，少许烤肉香袭来，十分复杂。

- **色**：金色中夹杂着闪耀的绿色。
- **香**：矿物质感十足。生杏仁、上品黄油香，轻微的烤肉香。
- **味**：优雅浓烈，矿物质感十足。果味浓郁而不高调，酸气强烈，余韵悠长。
- **料**：用余热轻烤的猪肉、黄油沙司。

Data

产地	美国加利福尼亚州索诺玛海岸
品种	霞多丽
收获年份 / 2004	参考价格 / ￥13230

色：色泽 **香**：香味 **味**：味道 **料**：搭配料理

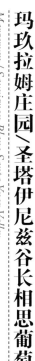

玛玖拉姆庄园/圣塔伊尼兹谷长相思葡萄酒

Margerum / Sauvignon Blanc Santa Ynez Valley

伊莎贝尔庄园/马尔堡长相思葡萄酒

Isabel / Sauvignon Blanc Marlborough

在圣巴巴拉打造而成
浓厚的长相思

推荐理由

酿造商达谷·玛玖拉姆从圣巴巴拉葡萄田精心挑选最优质的葡萄，在"比车库还狭窄的空间"以手工酿制葡萄酒。作为长相思，比起爽快感，多重香气和浓厚的味道更加诱人。

色：柠檬黄中夹杂着光亮的绿色。

香：香气复杂，些许熟成的南方果实和柑橘类香气，药草香与轻微的矿物质感冲击力相交织。

味：酸味稳定，酒体浓郁。强劲有力，余韵悠长，入口后甘甜荡气回肠。

料：黄油烤鱼等。

Data

产地 / 美国加利福尼亚州圣巴巴拉产区	
品种 / 长相思	
收获年份 / 2006　参考价格 / ￥3367	

酒脱的美味和爽快感充满魅力
产自马尔堡的长相思

推荐理由

新西兰马尔堡产区的长相思一直受到高度的评价。果味纯净的同时，酸味非常新鲜。中草药和矿物味使长相思的美妙更上一层楼。通过酒精发酵，复杂感十足。

色：柠檬黄中夹杂着些许绿色，黏性适中。

香：清爽新鲜的葡萄柚、酸橙、柑橘蜜饯香，以及药草和红辣椒香。矿物质感饱满。

味：酸味十足，冲击力具有爽快感。同时味道复杂，余韵绵长。

料：炸鱼贝类、沙拉等。

Data

产地 / 新西兰马尔堡产区来贝克镇	
品种 / 长相思	
收获年份 / 2006　参考价格 / ￥2940	

因味道纤细，受关注度急剧上升

日本的甲州

［关键词］

透明感

具有透明感，与日本料理相得益彰
彰显着日本本土风范

山梨县

甲府市　　　　山梨市
　　　　　　　甲州市

甲斐市

●胜沼

笛吹市

山梨县

近年来，日本葡萄酒飞速发展。其中，值得关注的便是甲州葡萄酒。口味辛辣的甲州葡萄酒，与世界水准的白葡萄酒不分上下，处于同一水平线上。酿造者在不断提高其水平的同时，也在不断确立其个性。甲州葡萄酒的味道分为多种类型，而魅力的核心便是清澈透明感。药草、柑橘类与白色花朵的沁人香气，同时伴随着恰到好处的苦味，给人带来清爽纤细的印象。该酒与烤咸香鱼、绿芥末、荞麦、炖煮蔬菜等日本料理最为搭配。

君岛的推荐要点

＊在一定意义上，清爽感令人心旷神怡
＊与辛辣口味的日本料理相得益彰

甲州葡萄酒的辛辣口味地位在不断得到认可，例如NZ长相思等，已经达到世界级白葡萄酒水平。其苦味适中、风味宜人，清爽感充满魅力。酿造者的热情也通过每块葡萄田的味道差异表现出来，与辛辣口味的日本料理相得益彰，绿芥末等刺激性也不复存在。

使用葡萄架栽培的甲州葡萄。

　　甲州葡萄，是日本固有的传统品种。据说当时，甲州葡萄通过丝绸之路经由中国传至日本，属于葡萄酒专用品种的范畴，对日本的气候也非常适应。然而长期以来，甲州葡萄酒一直缺乏独有的风味。最初的甲州粒儿大，糖度不易提高，有些老道，多数由剩余的生食用葡萄酿制而成，品种的潜在能力难以得到充分发挥。

　　不过近20年来，形势大有改观。激情万丈的生产者为了发掘甲州种的魅力，进行各种各样的尝试，力图提高甲州葡萄酒的品质。具有代表性的"死亡酵母法"赋予了葡萄酒新鲜感和核心味道；"浸皮法"则引出了其风味；栽培方法也发生了巨大改变。如今，每块葡萄田葡萄的味道均存在差异，风土条件展露无遗，甲州葡萄酒的味道也越来越深沉。

甲州胜沼城的鸟居平葡萄田。

Japanese 要点 ①

日本固有的酿造专用品种
甲州

奈良时代前后，甲州葡萄经过丝绸之路传至日本，属于Vinifera系（即欧洲系葡萄酒酿制专用）品种，如今仅在日本进行栽培。在野山生长的过程中便进行着自然淘汰，接受着日本风土气候的挑战，不断适应着日本严峻的气候——湿润、多雨，特别夏季湿气多。其果皮呈粉色、粒大、酸味及果味稳定。同时由于晚熟，糖度难以提高而缺少风味和浓缩感，果皮散发的香气过于苦涩。一直以来，为了避免这些弊端，酿制者多将葡萄酒酿制成清淡的甘甜味。近年来，酿造者以打造独特风味、个性的葡萄酒为己任，对栽培和酿制方法进行了大量尝试。甲州葡萄酒的品质得到飞跃发展，风格也逐步呈现多样化。口味辛辣、受到高度评价的葡萄酒正在陆续登场。

死亡酵母法最初用于法国卢瓦尔地区的麝

甲州种的发掘源于何时？

关于甲州种的发掘与开始栽培时期，有两种说法。一是奈良时期的高僧行基在胜沼城的鸟居平创立大善寺，开始栽培工作（718年）。另一种说法是胜沼的当地居民雨宫勘解由在路边发现野生甲州种后便开始栽培工作，而最初的目的是为了观赏（1186年）。

甲州
Koshu

果皮呈粉色，粒大，酸味及果味比较稳定。果皮成分中也有诸多苦味。一直以来，它用于生食和酿制两种用途。

Japanese
要点
②

赋予味道新鲜感与浓厚感
死亡酵母法

胜沼格里斯酿造厂的酿造罐。

香葡萄酒酿制。该方法指的是，在葡萄酒发酵结束后，并不除渣，而是让葡萄酒与其接触。所谓"残渣"，指的就是发酵结束后，酵母等沉淀物。通过分解、接触，酵母的氨基酸会散发出独特的风味，同时，残渣也会抑制氧化，使味道保持新鲜感。近年来，该酿造法经常用于辛辣口味的甲州葡萄酒，可谓是产生全新味道风格的技术之一。

**打造了风味多样的甲州葡萄酒
其他技术**

浸皮
为了充分引出果皮的香气和成分，在压榨之前将果皮短时间浸入果汁中的技术。要注意不用引出涩味。

酒樽发酵、熟成
在保证果味的同时，赋予了烟熏、香草、可可豆等香气，味道复杂，意蕴深长。

胜沼的风土条件

甲府盆地的东部被称为"峡东"，在笛吹河支流的作用下，形成一块扇状地形。该扇状地日照充沛，排水能力强，非常适合葡萄的栽培，其东部便是胜沼。近年来，酿造者开始不断打造与风土条件相适宜的葡萄酒，譬如作为甲州栽培地，自古以来受到高度评价的地区之一——鸟居平。在

面向西南方向的理想斜坡上，从笹子岭刮来的风造成寒暖差，也使矿物质更加丰富。另外，胜沼酿造在石头遍地的伊势原葡萄田打造的"伊势园"等，展现着独特的风土条件特征，使该地的风土条件备受关注。

诠释"日本甲州"魅力的4款酒

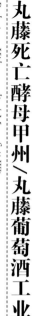

丸藤死亡酵母甲州／丸藤葡萄酒工业

Rubaiyat Kôshu sur lie / Marufuji Winery

鸟居平葡萄田三泽高级私人珍藏版甲州／中央葡萄酒

Cuvée Misawa Koshu Toriibira vineyard private reserve / Grace Winery

采取死亡酵母法
味道充沛浓厚

推荐理由

该酿造商可以称得上是采取死亡酵母法打造辛辣口味甲州葡萄酒的先驱。碳酸残留的洒脱葡萄酒，除了果香，还有制法产生的浓厚感，酸味与质感达到完美的平衡。为了保留香味，进行过滤程度控制。

- **色**：淡黄色中夹杂着绿色，黏性紧缩。
- **香**：葡萄柚般清爽的柑橘类香、绿色中草药香，以及矿物质感。
- **味**：果味馥郁，冲击力适中。辛辣口味，清爽洒脱，不过于浓烈，非常适合就餐时饮用。
- **料**：生鱼片等料理，范围极广。

Data

产地／山梨县甲州市胜沼城	
品种／甲州	
收获年份／2006	参考价格／¥1660

胜沼高级鸟居平葡萄田
传达着透明感的魅力

推荐理由

该葡萄酒由格里斯酿造厂打造而成，充分体现着甲州葡萄酒的透明感和纤细感。其中，鸟居平葡萄田受日照、寒暖差、排水性等恩赐，属于胜沼的较好地区。该酒果味与矿物质感达到完美的均衡，味道爽快强劲。

- **色**：闪耀的柠檬黄，黏性十足。
- **香**：柑橘类、中药草香，以及黄色熟成的花朵中散发着黄油般的香气。香气复杂而不张扬。
- **味**：恰到好处的质感、宜人的酸味，余韵悠长。
- **料**：嫩煎鱼肉、使用黄油和橄榄油的餐前菜等。

Data

产地／山梨县甲州市胜沼城鸟居平产区	
品种／甲州	
收获年份／2006	参考价格／¥3000

色：色泽　**香**：香味　**味**：味道　**料**：搭配料理

阿鲁格布兰卡·库拉蕾扎葡萄酒／胜沼酿造

Aruga Branca Clareza / Katsunuma Winery

阿鲁格布兰卡·幻之起泡葡萄酒／胜沼酿造

Aruga Branca Brilhante / Katsunuma Winery

死亡酵母法打造而成，口味辛辣
适合与日本料理搭配

推荐理由

为了体现甲州的魅力和潜力，从风土条件至酿造方法均十分苛刻。通过死亡酵母法打造而成的葡萄酒味道，保证了水灵果味与少许苦味之间的调和，非常适合与日本料理搭配饮用。

色：柠檬黄中夹杂着绿色。黏性适中。

香：浓烈的新鲜酸橙香，较咸的矿物质感。香味迷人，浓缩感十足。

味：冲击力浓烈馥郁。伴随着酸味的同时，酒体饱满。

料：可搭配炸鱼、家庭味道的日本料理等，范围广。

Data
产地／山梨县甲州市胜沼城
品种／甲州
收获年份／2006　参考价格／￥1680

散发着甲州清爽的魅力
纯日本产的起泡葡萄酒

推荐理由

源于对胜沼甲州的执着，采取香槟方式产生的纯日本产起泡葡萄酒，通过2年以上的熟成，气泡极其纤细，宛如奶油般。味道柔和清爽，散发着甲州的纯净。

色：闪耀的金黄色，气泡纤细、持续时间长。

香：从清爽的柑橘至熟成的黄色水果香，质感馥郁。优雅的矿物质感悠长。

味：馥郁饱满，熟成感恰到好处，余韵宜人，味道辛辣。

料：既可餐前饮用，亦可餐中品尝。可搭配寿司、炸鱼、绿色沙拉等范围广。

Data
产地／山梨县甲州市胜沼城
品种／甲州
收获年份／2004　参考价格／￥4725

甘甜、辛辣的表示方法

BRUT的表示方法

SEC的表示方法

●香槟酒的甘甜、辛辣的表示方法

香槟酒除渣之后，为了弥补损耗的葡萄酒，会再添加一些葡萄酒（参见 P81）。此时，蔗糖的添加量决定了甘甜、辛辣口味。甘甜、辛辣以 1L 中的残糖量（g）表示。通常情况下，辛辣口味用 Brut 表示。

辛辣

Brut ··· 15g以下/L

Brut之中，还有以下详细表示方法

· Extra Brut ··································· 0~6g/L

· Brut Nature ································· 3g以下/L

· Pas Dosé ······································ 3g以下/L

· Dosage Zéro ································· 3g以下/L

Extra Dry ······································ 12~20g/L

Sec ·· 17~35g/L

甘甜

Demi Sec ······································ 33~50g/L

Doux ·· 50g以上/L

意大利苏打白葡萄酒的表示方法

辛辣

Pas Dosé ···································0g以下/L

Extra Brut ·································0~6g/L

Brut ··0~15g/L

Extra Dry···································12~20g/L

Secco ·······································17~35g/L

Semi Secco ·······························35~50g/L

甘甜

Dolce ·······································50g以上/L

平静葡萄酒的表示方法

辛辣

Secco*（辛辣）·····························0~4g以下/L

Abboccato**（微甜）···················4~12g /L

Amabile（中甜）··························12~45g /L

Dolce（甘甜）····························45g以上/L

甘甜

※ 同一糖度，也可用Asciutto（辛辣口味残留在口中的酒脱感）来表示。
※※ 同一糖度，也可用Semi Secco（半辛辣口味）来表示。

●意大利葡萄酒的甘甜、辛辣表示方法

意大利葡萄酒的甘甜、辛辣也以 1L 葡萄酒中的残糖量（g）表示。由于苏打白葡萄酒（起泡葡萄酒）与平静葡萄酒的数值存在差异，所以注意不要混淆。通常情况下，辛辣口味用 Secco 表示。

第二章　通过地图巡游世界葡萄酒产地

以通俗易懂的地图为媒体，让我们一起巡游世界上的葡萄酒产地吧。在解读纬度、地形、气候等因素的同时，倘若再了解一下代表性产地的特征，那么葡萄酒的乐趣将变得更加美妙。

法国

每块产地都有独特的个性

风格迥异，魅力无穷

法国作为世界首屈一指的高品质葡萄酒生产国，长期以来，一直是其他国家追崇的目标，可谓是葡萄酒的圣地。其最大的特点是，拥有多种地形、土壤和气候条件，这也使得葡萄酒品种多样化，有许多代表性葡萄酒。在寒冷产地及温暖产地中，每块产地都有适合栽培的品种，且富于变化。同时，在历史长河上，每块产地都确立了独特的个性。

主 要
生 产 地

---

❶ 波尔多地区
Bordeaux

位于法国西南部，与大西洋相对，通过向意大利出口而获得大规模发展的世界性佳酿地。将数品种混合而成的芳醇红葡萄酒非常知名。庄园的高级品，即使在世界上也是数一数二，并以最顶级的品质和价格为傲。

❷ 勃艮第地区
Bourgogne

与波尔多地区不相上下的世界性佳酿地。属于寒冷大陆性气候，由黑皮诺酿而成的红葡萄酒和霞多丽酿制而成的白葡萄酒，以优雅的风格而闻名遐迩。土壤组成复杂，每个村落和农田均进行了等级设置。

❸ 香槟酒地区
Champagne

位于法国东北部的寒冷气候带，堪称世界性起泡葡萄酒的代名词。以瓶内二次发酵的传统酿制法打造而成的葡萄酒，味道醇厚，气泡华丽而纤细。

❹ 罗纳河谷地区
Côes du Rhône

该地区自勃艮第产区南部至地中海，沿着罗纳河谷延伸，气候比较温暖。主要分为北罗纳和南罗纳。北罗纳以使用西拉的柔和红葡萄酒为主，而南罗纳则是以格连纳什为主体的果味馥郁的混合葡萄酒。

❺ 卢瓦尔地区
Val de Loire

横跨法国最长的河流——卢瓦尔河。属于法国西部最北的栽培地，气候寒冷。以轻快的白葡萄酒为主，还有红、玫瑰红葡萄酒，各种风格一应俱全。其口感适中，多数均适合就餐时饮用。

❻ 阿尔萨斯地区
Alsace

与香槟酒地区并驾齐驱，位于法国最北部。以酸味干脆的清爽辛辣口味葡萄酒为主。与德国隔莱茵河相望，所使用的葡萄品种与德国也有共通之处，譬如威士莲、白皮诺等。

❼ 朗格多克和鲁西永地区
Languedoc et Roussillon

自罗纳河河口西部至西班牙边境，沿地中海沿岸扩伸，属于温暖干燥的地中海气候。葡萄酒生产量位居国内第一，但多数是日常消费用。近年来，热情高涨的生产者不断涌现，成为地区餐酒的一大产地。

❽ 普罗旺斯和科西嘉岛
Provence et Corse

位于罗纳河河口东部，以及地中海的科西嘉岛。属于阳光普照的地中海气候。葡萄酒的味道易于接受，占普罗旺斯生产量多半的玫瑰红葡萄酒非常知名。

❾ 西南地区
Sud-Ouest

自比利牛斯山麓至法国西南部，分散于流向波尔多地区的多尔多涅河上游流域。厚重的红葡萄酒、甘甜葡萄酒与波尔多葡萄酒拥有共通之处，包括卡奥尔、马迪朗等AOC。

❿ 汝拉和萨瓦地区
Jura et Savoie

汝拉位于勃艮第地区与瑞士的边界之间，除了清爽的白葡萄酒，还有黄葡萄酒及麦秆葡萄酒等特殊产品。被莱蒙湖相隔的萨瓦地区主要生产轻快清爽的白葡萄酒。

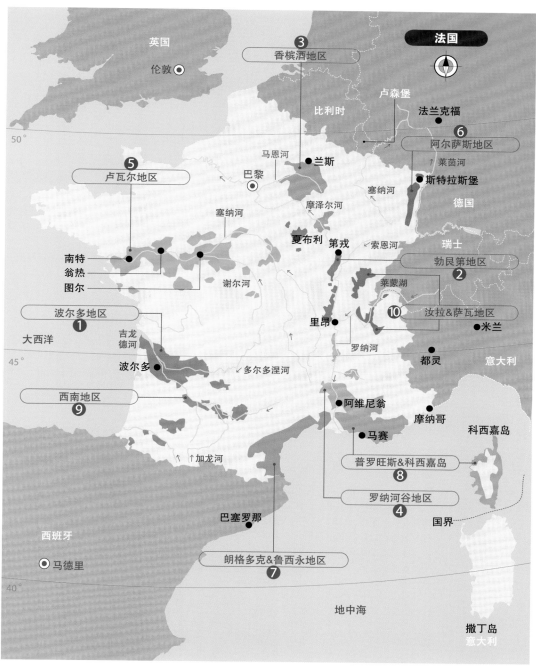

法国

英国
伦敦

③ 香槟酒地区

卢森堡
比利时
法兰克福

⑥ 阿尔萨斯地区

马恩河
兰斯
巴黎

莱茵河
斯特拉斯堡

⑤ 卢瓦尔地区

塞纳河
摩泽尔河
塞纳河

德国

塞纳河

夏布利
第戎

索恩河

瑞士

南特
翁热
图尔

谢尔河

② 勃艮第地区

莱蒙湖

⑩

汝拉&萨瓦地区

米兰

① 波尔多地区

吉龙德河

里昂

罗纳河

大西洋

波尔多

多尔多涅河

都灵

意大利

⑨ 西南地区

阿维尼翁

摩纳哥

科西嘉岛

加龙河

马赛

普罗旺斯&科西嘉岛
⑧

巴塞罗那

罗纳河谷地区
④

国界

西班牙

马德里

朗格多克&鲁西永地区
⑦

地中海

撒丁岛
意大利

Data
北纬／42°~49.5°
栽培面积／8.94×10⁵ha（世界第2位）
年均生产量／5.21×10⁹L（世界第2位）
※参照2005年O.I.V.资料

France

注：O.I.V.为国际葡萄与葡萄酒组织

波尔多地区

称霸世界的红葡萄酒品种中心

解百纳与梅尔诺

波尔多地区位于法国西南部大西洋沿岸，北纬45°线正好穿过波尔多市。该地区气候比较温暖，属于湿气较高的海洋性气候。该区主要由三大河流域组成，以小石子混杂的贫瘠土壤为主，利用砂砾和黏土、石灰岩土壤，打造出了称霸世界的葡萄酒。

主要
生产地

❶ 梅多克/奥梅多克产区
Méoc / Haut-Médoc

位于吉龙德河左岸，上游部分是奥梅多克产区，下游部分是梅多克产区。土壤为砂砾质，以赤霞珠为主体的厚重类型为主要风格。尤其是奥梅多克产区的4个村名AOC（参见P142），占据了世界红葡萄酒的中心地位。

❷ 格拉夫产区
Graves

分布于波尔多市南侧，加龙河左岸。法语中"格拉夫"表示小石子，所以土壤系砂砾质。主要生产高雅浓厚的红葡萄酒，以及辛辣白葡萄酒（参见P142）。北侧的村名AOC佩萨克·雷奥良也有很多知名庄园。

❸ 佩萨克–雷奥良产区
Pessac-Léognan

位于格拉夫产区北部，等级位于产区名AOC格拉夫之上的村名AOC。"奥比昂酒庄"便居于该产区。该产区既产红葡萄酒，亦产白葡萄酒。葡萄酒具有辛辣味及土壤气息，给人们带来一种柔和优雅的氛围。

❹ 苏特恩产区
Sauternes

被格拉夫产区南部包围，支流锡龙河流入吉龙德河。由温度差产生的雾气生产出贵腐葡萄，酿造出了以赛美蓉为主体的贵腐葡萄酒。以璀璨黄金色、世界最高峰的甘甜口味葡萄酒而闻名遐迩。

❺ 两海之间
Entre-Deux-Mers

"两海"表示该地区由多尔多涅河和加龙河两河相拥。作为辛辣口味白葡萄酒AOC，葡萄酒香气纤细、味道洒脱。一直以来，价格低廉葡萄酒占大多数，近年来，品质得到大幅度提高。

❻ 布雷山坡/第一丘原产地
Premières Côtes de Blaye

位于梅多克产区对岸，被吉龙德河相隔。主要由与梅多克的红葡萄酒和格拉夫的白葡萄酒相似的品种构成，以梅尔诺为主体。葡萄酒果味馥郁，香味强烈，单宁柔和，味道顺滑。

❼ 庞马洛产区
Pomerol

位于多尔多涅河右岸圣克鲁瓦蒙产区的西北部，本产区主要以黏土与酸化铁土壤相混合。以梅尔诺为主体的葡萄酒富于浓缩感，香气馥郁柔滑。规模小的庄园占大多数，譬如"柏图斯庄园"等非常知名。

❽ 圣艾米隆产区
Saint-Emilion

位于多尔多涅河右岸，地形由台地组成，土壤由石灰质和黏土质构成，砂质丰富，富于变化。主要生产以梅尔诺和品丽珠为主体的饱满柔和葡萄酒。圣艾米隆，是一座具有中世纪氛围的世界遗产城市。

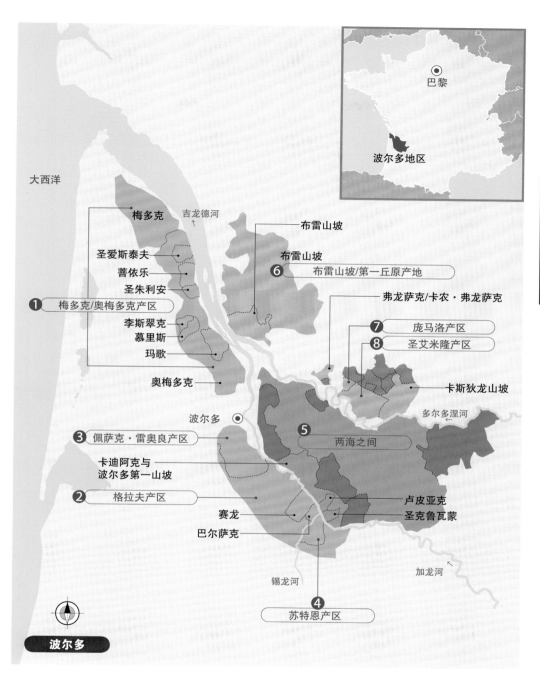

大西洋

巴黎

波尔多地区

梅多克

吉龙德河

布雷山坡

布雷山坡

❻ 布雷山坡/第一丘原产地

圣爱斯泰夫

菩依乐

圣朱利安

弗龙萨克/卡农·弗龙萨克

❶ 梅多克/奥梅多克产区

❼ 庞马洛产区

李斯翠克

❽ 圣艾米隆产区

慕里斯

玛歌

卡斯狄龙山坡

奥梅多克

多尔多涅河

波尔多

❺ 两海之间

❸ 佩萨克·雷奥良产区

卡迪阿克与
波尔多第一山坡

❷ 格拉夫产区

卢皮亚克

赛龙

圣克鲁瓦蒙

巴尔萨克

锡龙河

加龙河

❹ 苏特恩产区

波尔多

Data

北纬／44°~46°

栽培面积／1.2×10^5ha

年均生产量／5.74×10^8L

Bordeaux

奥梅多克产区的六大佳酿村

奥梅多克有 6 个村名 AOC，其中，圣爱斯泰夫、菩依乐、圣朱利安、玛歌 4 大佳酿村集中着许多知名庄园，彰显其个性。

圣爱斯泰夫
Saint-Estéhe

土壤黏土比例较高，储水性能强。所酿葡萄酒色泽深、风格稳重浓烈。除了爱士图尔庄园，还有5大特级庄园。

菩依乐
Pauillac

土壤由排水性能高的砂砾层构成。酿造的葡萄酒浓烈，质感强，格调高雅。除了拉菲庄园，还有3个一级庄园、18个特级庄园。

圣朱利安
Saint-Julien

虽是砂砾质土壤，但土层并非很厚。所酿造的葡萄酒优雅有力与华丽兼备，达到完美的均衡感。除了雄狮庄园，还有11个特级庄园。

玛歌
Margaux

表层土壤浅，砂砾比例高。在6个村名AOC中，玛歌葡萄酒的风格最为女性化，纤细且柔美。其中包括一级玛歌庄园、21个特级庄园。

慕里斯/李斯翠克
Moulis / Listrac

二者均没有特级庄园，但有许多杰出的中级庄园。慕里斯葡萄酒力道强劲、果味饱满，而李斯翠克的葡萄酒则富有个性、香气优雅。

波尔多白葡萄酒

波尔多白葡萄酒的基本品种是长相思和赛美蓉。20 世纪 80 年代以后，通过引进最新技术，产生了果味、酒体丰富的全新高级辛辣口味白葡萄酒。

贵腐化的赛美蓉

格拉夫
辛辣口味

在波尔多，与红葡萄酒和甘甜白葡萄酒相比，人们对辛辣白葡萄酒的评价较低。然而20世纪80年代以后，辛辣白葡萄酒的品质得到了显著提高。评价较高的便是格拉夫地区白葡萄酒，通常将长相思与赛美蓉相混合，经过酒槽发酵和熟成的风格占主流地位。

苏特恩
甘甜口味

与红葡萄酒同样，甘甜白葡萄酒在波尔多一直受到较高的评价，譬如苏特恩和巴萨克的贵腐葡萄酒。再加上与巴萨克相邻的赛龙，这3个产区是仅生产甘甜白葡萄酒的AOC。苏特恩产区的甘甜白葡萄酒于1855年被定级。其中最高峰的代表佳酿地，便是特级伊甘庄园，其产品味道令人神魂飘荡，属于强烈、甘美、长期熟成的风格。

标签 解读

关于波尔多的庄园葡萄酒，基本上生产者名称（庄园名称）=葡萄酒名称。因此，生产者名称字号最大，其次是产地（AOC），还有收获年份。标签基本上由以上信息构成，也有的葡萄酒会将其他信息标记在背面标签上。

① 葡萄酒名称 = 生产者名称（庄园名称）
　奥赛高特庄园
② AOC 名（原产地称呼）
　圣艾米隆特级
③ 根据原产地称呼统一要求
　"Appellation" 与 "Contrôlée" 之间
　加入原产地名
④ 收获年份（葡萄的收获年份）
⑤ 酒庄装瓶

⑥ 庄园所在地
⑦ 酒精度数
⑧ 容量
⑨ 原产地·原产国

波尔多AOC等级图

波尔多AOC，从范围最广的"地区名AOC"（AC波尔多等），到"产区名AOC"（AC奥梅多克等）、"村名AOC"（AC菩依乐等），共3个等级，约50个AOC。其中，村名位于最上等级，除AOC之外，还有很多独立的正式公认等级（参见P53）。

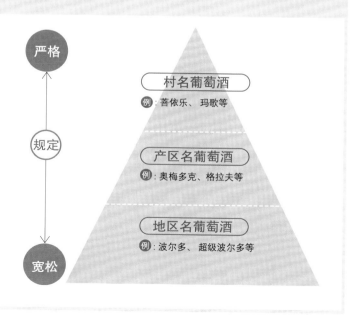

严格

规定

宽松

村名葡萄酒
例：菩依乐、玛歌等

产区名葡萄酒
例：奥梅多克、格拉夫等

地区名葡萄酒
例：波尔多、超级波尔多等

143

勃艮第地区

形容成『被神灵所赐』也不为过

品味风土条件的艺术

该地区位于法国中央东部，南北走向，属于寒冷的大陆性气候，葡萄酒主要由霞多丽或黑皮诺等单一品种酿制而成，是与波尔多并驾齐驱的世界性佳酿地。以石灰质和黏土质为主的复杂土壤，酿造出的反映优良风土条件和生产者个性的葡萄酒，夺人魂魄。

主要生产地

❶ 夏布利产区
Chablis

距第戎西北方向150km处，气候寒冷，石灰质土壤中蕴含Kimmeridgien（一种侏罗纪晚期岩层）化石。主要使用霞多丽酿制辛辣口味白葡萄酒。酸味强烈，矿物质成分馥郁。

❷ 夜丘产区
Côte de Nuits

自第戎向南，以面朝东南方向的斜坡为中心的狭长地带。拥有哲维瑞·香贝丹村、沃恩·罗曼尼村等众多佳酿村和特级田，是最高级黑皮诺葡萄酒产地。

❸ 伯恩丘产区
Côte de Beaune

与超一流的红葡萄酒佳酿地夜丘相对，科通·查理曼等特级葡萄园也非常知名。这里也有红葡萄酒佳酿处，但它的闻名还是要得益于杰出的高级白葡萄酒，蒙哈榭堪称是白葡萄酒的最高峰。

❹ 莎朗尼山坡
Côte Chalonnaise

气候、风土与伯恩丘相似，主要生产便于携带、性价比高的红、白葡萄酒。以红葡萄酒为主的有梅尔居雷、斯卫黑等地，以白葡萄酒为主的吕利、蒙达尼村名AOC亦闻名遐迩。

❺ 马孔内产区
Mâconnais

以霞多丽为主的白葡萄酒产地。酿制出的葡萄酒果味馥郁，口感清爽，价格低廉，人气高涨。南部村名AOC普利·弗塞因品质高雅而知名。近年来也涌现了许多优秀的酿造者。

❻ 博若莱产区
Beaujolais

位于勃艮第最南部，花岗岩质土壤。酿制出佳美种轻快口味的红葡萄酒。博若莱新酒的名气毋庸置疑，北部的产地博若莱村和被称为"博若莱特级村庄"的10个村庄的个性亦魅力四射。

Data

北纬	46°~48°
栽培面积	4.8×10^4ha
年均生产量	2.81×10^8L

Bourgogne

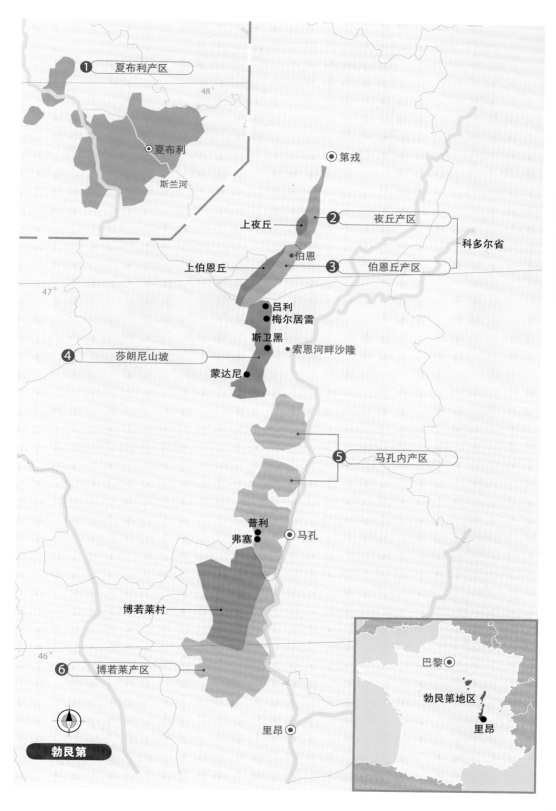

❶ 夏布利产区

48°

⊙夏布利

斯兰河

⊙第戎

上夜丘 ── **❷** 夜丘产区

┐
├科多尔省
┘

●伯恩

上伯恩丘 ── **❸** 伯恩丘产区

47°

●吕利
●梅尔居雷

斯卫黑
●索恩河畔沙隆

❹ 莎朗尼山坡

蒙达尼●

❺ 马孔内产区

普利
弗塞
⊙马孔

博若莱村

46°

❻ 博若莱产区

里昂⊙

巴黎⊙

勃艮第地区

里昂

勃艮第

145

夏布利

夏布利位于勃艮第北端，是由霞多丽酿造的辛辣白葡萄酒 AOC。该地特有的石灰质土壤富含大量中生代的贝壳，给味道带来了矿物质感，寒冷的气候也赋予了洒脱的酸味。在夏布利，由下向上依次分为小夏布利、夏布利、一级夏布利、特级夏布利 4 个级别划定葡萄田。特级夏布利葡萄田分布于朝西南方向的斜坡上，共有 7 个正式公认的特级葡萄田。

博若莱与佳美

在勃艮第，博若莱与其他产区有些许不同之处。由于该地土壤为花岗岩质，所以较为适合栽培的品种是佳美。味道轻快、涩味较少、酸味清爽、果味十足是该地红葡萄酒的风格。知名的博若莱新酒，是在每年 11 月第 3 个星期四开始饮用的新酒。酿造着优良制品的北部产区，除了优质的博若莱村，还有用村名表示等级的 10 个村庄——博若莱特级村庄（必须是新酒）。作为博若莱特级村庄，味道芳醇的风磨坊和强劲有力、味道辛辣的墨贡等非常受欢迎。

佳美

Gamay

单宁稳定、酸味强烈、味道轻快新鲜、果味十足。其含有的草莓及木莓等红色果实香气以及紫罗兰等花香亦充满魅力。

●博若莱特级村庄的10个村庄

圣·阿穆尔 Saint-Amour	希露博 Chiroubles
朱丽娜 Juliénas	墨贡 Morgon
谢纳 Chénas	雷妮 Régnié
风磨坊 Moulin-à-Vent	布鲁依 Brouilly
福乐里 Fleurie	布鲁依丘 Côtes de Brouilly

标签 解读

对于勃艮第葡萄酒而言，AOC名称（产地和葡萄田名）即葡萄酒名称。特级葡萄田只需表示出葡萄田名（省略村名）。不过多数情况下，同一农田会有多个所用者，因此读取酿造者的信息是非常重要的。

① 葡萄酒名称 =AOC 名称
意为"沃恩·罗曼尼村一级葡萄田小蒙特"

② 根据原产地称呼统一要求
"Appellation" 与 "Contrôlée" 之间加入原产地名

③ 生产者（庄园名）
弗兰克斯·戈勃特庄园

④ 容量

⑤ 酒精度数

⑥ 生产者所在地
法国科多尔产区沃恩·罗曼尼村生产者玛丽＝安德雷和香贝丹·哲维瑞

⑦ 原产国（法国）
弗兰克斯·戈勃特庄园

⑧ 收获年份
多数记在瓶肩的标签上

勃艮第AOC等级图

勃艮第的AOC超过100个，每个葡萄田均进行了细致的等级划分。等级自下向上，分为地区名·产区名→村名·一级农田→特级农田名5个级别。越往上，对栽培区域的限定越严格，对生产条件的规定也越苛刻，个性随之越加明显。

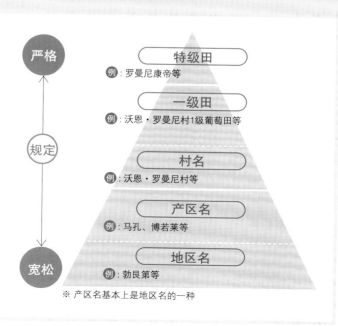

严格

特级田
例：罗曼尼康帝等

一级田
例：沃恩·罗曼尼村1级葡萄田等

规定

村名
例：沃恩·罗曼尼村等

产区名
例：马孔、博若莱等

地区名
例：勃艮第等

宽松

※ 产区名基本上是地区名的一种

意大利

20个大区全是产地 品种风格多姿多彩的葡萄酒

南北走向的狭长地带，拥有2个岛屿，地域的不同，气象条件也存在差异，但20个大区全部从事着葡萄酒酿造。享有太阳的恩赐，全域均适合葡萄的栽培。而另一方面，由于各地文化背景不同，当地品种多样化，葡萄酒的风格也多姿多彩。邻近阿尔卑斯山、气候比较寒冷的北部，两侧沿海、呈海洋性气候的中部，地中海气候干燥的南部，风土缤纷多彩。

主要
生产地

❶ 皮埃蒙特
Piemonte

位于意大利西北部阿尔卑斯山山麓，意大利两大佳酿地之一。首府都灵位于北纬45°左右。主要产地为陡坡丘陵，气候比较寒冷。由纳比奥罗酿制而成的巴罗罗、巴巴莱斯克非常知名。

❷ 威尼托
Veneto

位于意大利东北部，首府是水都威尼斯。葡萄酒生产量最多的州之一，非常适合与鱼贝类料理搭配饮用。白葡萄酒索瓦、红葡萄酒巴多利诺和瓦尔波利塞拉等非常知名。

❸ 弗留利·威尼斯朱利亚
Friuli-Venezia Giulia

东部与斯洛文尼亚、北部与奥地利接壤，受其影响较深，是意大利最高品质白葡萄酒的产地。栽培品种从当地品种富莱诺，到法系灰皮诺、德系威士莲等，范围极广。

❹ 托斯卡纳
Toscana

位于意大利中西部，面朝第勒尼安海，意大利两大佳酿地之一。首府佛罗伦萨。葡萄田分布于丘陵地带，由圣祖维斯种酿制而成的古典基昂蒂和布鲁内洛·蒙塔奇诺非常知名。

❺ 其他中部地域

在意大利中部地域，白葡萄酒多由扎比安奴、红葡萄酒多由蒙特普恰诺酿制而成。白葡萄酒有拉齐奥州的佛拉斯卡帝、翁布里亚州的奥维多等。由维德乔种酿造的马尔凯州白葡萄酒备受关注。

❻ 南部地域

意大利南部和岛屿地域酿造的葡萄酒一直给人留下低廉高产的印象，但近年来品质得到不断提高。坎帕尼亚州使用阿里亚尼考的道乌拉斯红葡萄酒、使用格雷克的都福格雷克白葡萄酒、西西里州的黑达沃拉备受关注。

Italy

Data

北纬 / 37°~47°	
栽培面积 / 8.42×10⁵ha（世界第3位）	
年均生产量 / 5.4×10⁹L（世界第1位）	
※参照2005年O.I.V.资料	

伦巴第

特伦蒂诺·上阿迪杰

❶ 皮埃蒙特

❷ 威尼托

❸ 弗留利·威尼斯朱利亚

瓦莱达奥斯塔

瑞士

奥地利

斯洛文尼亚

东北部

克罗地亚

西北部

米兰

威尼斯

都灵

波斯尼亚·黑塞哥维那

法国

艾米利亚·罗马涅

亚得里亚海

❺ 中部

利古里亚

❹ 托斯卡纳

佛罗伦萨

马尔凯

利古里亚海

翁布里亚

阿布鲁佐

拉齐奥

莫利塞

罗马

普利亚

第勒尼安海

那不勒斯

坎帕尼亚

巴西利卡塔

卡拉布里亚

❻ 南部

撒丁州

伊奥尼亚海

西西里

突尼斯

地中海

意大利

149

意大利的 "起泡葡萄酒"

意大利葡萄酒的多彩性，体现在起泡葡萄酒上。根据制法、生产地域和葡萄品种的不同，葡萄酒的风格也呈现出丰富多样的变化。意大利语中，起泡葡萄酒称为 "Spumante"，弱起泡性的葡萄酒称为 "Frizzante"。通过瓶内二次发酵制法酿造而成的正宗的、代表意大利的法兰考达起泡酒，味道酒脱轻快、超有人气的普西哥葡萄酒，麝香清爽甘甜、易于饮用的阿斯蒂甜白起泡葡萄酒等，搭配范围广泛。

极力推荐的人气 Spumante

法兰考达起泡酒
（伦巴第州）

Franciacorta

DOCG。通过瓶内二次发酵方式酿造而成，最少经过18个月瓶内熟成的正宗派起泡葡萄酒。瓦尔波利塞拉等非常知名。

普西哥葡萄酒
（威尼托州）

Prosecco

DOC（法定产区酒）。在威尼托北部由普西哥种酿制而成，酒脱爽快，果味十足。

布拉凯多甜红起泡葡萄酒
（皮埃蒙特州）

Brachetto d'Acqui

DOCG（保证法定产区酒）。由布拉凯多种酿制而成的弱起泡性甜红葡萄酒，香气纤细，色泽美妙。

阿斯蒂甜白起泡葡萄酒
（皮埃蒙特州）

Asti Spumante

DOCG。充满了麝香的芳香，果实十足的甘甜口味。

由葡萄干酿制而成的甘甜口味葡萄酒

意大利葡萄酒中，还有一种值得推荐的葡萄酒：将收获的葡萄晒干，使糖度提高，由该种葡萄酿造而成的葡萄酒。甘甜口味的葡萄酒称为 "帕赛豆"，其浓缩感强，具有熟成的水果甘甜。由于由多品种酿造而成，在威尼托，被称为 "蕊恰朵"。此外，同样由葡萄干酿制而成的瓦尔波利塞拉葡萄酒中，辛辣口味的称为 "阿玛罗尼"。使用晒干的葡萄，在小酒樽中添入产膜酵母进行熟成的托斯卡纳梵圣托葡萄酒，味道十分浓厚。

意大利的葡萄干葡萄酒

帕赛豆

Passito

由晒干的葡萄打造而成的甘甜葡萄酒。在各地由多种葡萄酿制而成。

蕊恰朵

Recioto

在威尼托将帕赛豆称为 "蕊恰朵"，索阿韦和瓦尔波利塞拉亦非常知名。

阿玛罗尼

Amarone

由葡萄干酿制而成的瓦尔波利塞拉葡萄酒中，辛辣口味葡萄酒。

梵圣托

Vin Santo

使用晒干的葡萄，在小酒樽中添入产膜酵母进行熟成，属于托斯卡纳的知名之物。

标签 解读

对于意大利葡萄酒而言，最好将DOC、DOCG等级，与VdT区分开来，因为VdT中也有许多代表着"超级托斯卡纳"的高品质高级葡萄酒。（VdT通常不体现在标签上，但独立的品牌设计非常耀眼）

BUONDONNO ❶

Chianti Classico ❷

Denominazione di Origine Controllata e Garantita ❸

2005 ❹

❺ Imbottigliato all'origine　　da Gabriele Buondonno
Castellina in Chianti　　Product of Italy

❻ 75 cl ℮　　Italia ❽　　13% vol. ❼

Casavecchia alla Piazza ❾

① 生产者（酿造厂）名称
BUONDONNO
② 葡萄酒名称＝DOCG（DOC）名称
古典基昂蒂
③ 根据原产地称呼统一要求
④ 收获年份（葡萄的收获年份）
⑤ 封瓶商家及地点
⑥ 容量
⑦ 酒精度数
⑧ 原产国
⑨ 庄园名称

ORNELLAIA

"欧内拉亚"酒标签
（超级托斯卡纳示例）

意大利葡萄酒法规

意大利于1963年借鉴引进了法国AOC法定产区葡萄酒法规。DOC就相当于法国的AOC，之上还有DOCG，各种品牌都有产地、品种、栽培方法、收获量、熟成时间等规定。不过很多人都抨击该制度并不能如实地反映出品质的真正水平。同是DOCG，根据品牌的不同，价格和品质存在着很大的差异。此外，不遵循葡萄酒法规的VdT、IGT等级葡萄酒之中，反而出现了许多价格昂贵、品质高端的葡萄酒，譬如超级托斯卡纳等。

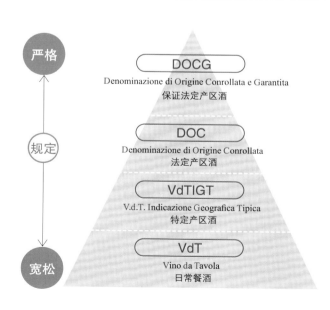

严格

规定

宽松

DOCG
Denominazione di Origine Conrollata e Garantita
保证法定产区酒

DOC
Denominazione di Origine Controllata
法定产区酒

VdTIGT
V.d.T. Indicazione Geografica Tipica
特定产区酒

VdT
Vino da Tavola
日常餐酒

德国

北方界限专有的白葡萄酒王国

清爽的果味、酸气和矿物感

以葡萄栽培的北方界限——北纬50°左右为中心的产地，气候寒冷，白葡萄的栽培面积大（64%）。此外，为了吸收日照和太阳光热，多数葡萄园位于沿河朝南的斜坡。在寒冷的气候下，果实熟成稳定，赋予了葡萄酒清爽的果味、馥郁的酸味以及美妙的矿物质感。传统的白葡萄酒通常给人留下中甜口味的印象，如今生产量的一半以上均转变成辛辣口味。红葡萄酒的产量也在不断提高。

主要生产地

❶ 摩泽尔地区※
Mosel

摩泽尔河与其支流萨尔河、鲁韦尔河流域的产地。极其寒冷的气候和板岩质土壤，赋予了威士莲美妙的酸味、馥郁的果味以及柔和的口感。其中以中甜口味的风格为主。

❷ 莱茵高地区
Rheingau

位于莱茵河东西走向区域的北岸，葡萄田分布在朝南的斜坡上。从中世的修道院和贵族延传下来的佳酿田很多，它们也孕育了酸味、果味清凉以及矿物质感坚硬的威士莲。

❸ 莱茵黑森地区
Rheinhessen

与莱茵高相对，栽培面积占德国前列。在平缓起伏的土地上，栽培着丽瓦娜、西万尼、威士莲等品种，范围极广。近年来，热情高涨的年轻生产者也很多。

❹ 法尔兹地区
Pfalz

莱茵黑森的正南方，延绵至法国阿尔萨斯地区的正北方。一条世界上最古老的葡萄酒街道纵贯南北85km。该地区气候比较温暖，栽培品种以威士莲为主，打造着各种高品质白葡萄酒和红葡萄酒。

❺ 弗兰肯地区
Franken

分布在曲折的梅恩河流域的丘陵地带。由该地域独特的寒冷气候和土壤特性酝酿而成的辛辣口味的西万尼葡萄酒，受到较高的评价，在适合与料理搭配外，其扁圆形酒瓶的形状亦非常知名。

❻ 巴登地区
Baden

德国最南端的产地，南北跨越400km，与法国的阿尔萨斯地区被莱茵河相隔。德国境内最温暖的产地，生产着口味辛辣、核心味道浓烈的皮诺种红白葡萄酒，以及贝露娃佳酿。

※ 摩泽尔旧名为摩泽尔·萨尔·鲁韦尔

Data

北纬／47°~52°（生产地域）
栽培面积／9.8×10⁵ha
年均生产量／9.15×10⁸L（世界第8位）
※参照2005年O.I.V.资料

Germany

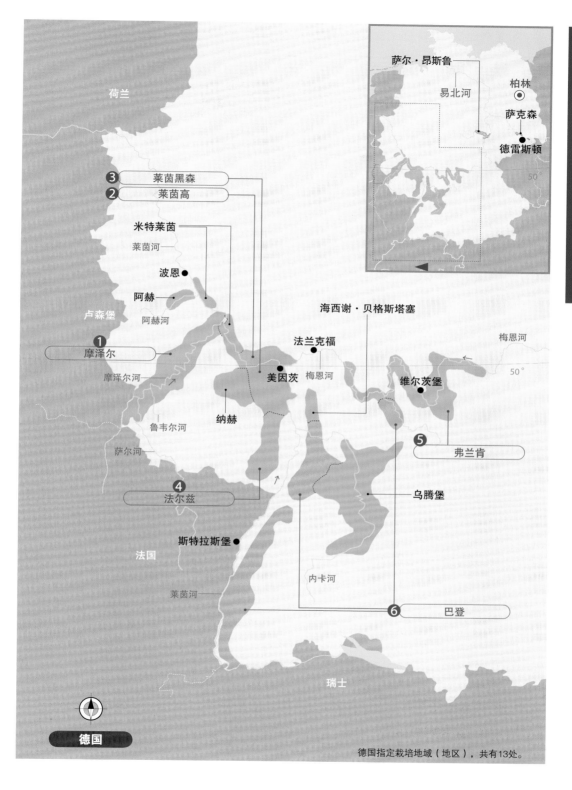

荷兰

萨尔·昂斯鲁

易北河

柏林
⊙

萨克森

德雷斯顿

50°

③ 莱茵黑森

② 莱茵高

米特莱茵

莱茵河

波恩 ●

阿赫

卢森堡

阿赫河

海西谢·贝格斯塔塞

梅恩河

❶ 摩泽尔

法兰克福 ●

50°

摩泽尔河

美因茨

梅恩河

维尔茨堡

鲁韦尔河

纳赫

萨尔河

❺ 弗兰肯

❹ 法尔兹

乌腾堡

斯特拉斯堡 ●

法国

莱茵河

内卡河

❻ 巴登

瑞士

德国

德国指定栽培地域（地区），共有13处。

153

俄克斯勒浓度与葡萄酒等级

特级优质
葡萄酒的
6个等级

在寒冷的德国，葡萄的成熟度在一定意义上决定了葡萄酒的品种。根据收获时的葡萄果汁的糖度，将上等葡萄酒进行了等级划分。表示果汁糖度的即是"俄克斯勒浓度"。俄克斯勒浓度是果汁阶段时的糖度，与成为葡萄酒时的残糖度(甜味)并不一致。在葡萄酒法规中，位于最上级的特级优质葡萄酒，根据俄克斯勒浓度，从珍藏级至贵腐级，分为6个等级。

颗粒精选

Beerenauslese

由手工精挑细选高熟成度的葡萄打造而成，核心味道芳醇。最低俄克斯勒浓度110~128。

冰酒

Eiswein

将完全熟成的果实在冰冻状态时进行收获、压榨。酸味与甘甜浓缩。最低俄克斯勒浓度110~128。

贵腐

Trockenbeerenauslese

德国葡萄酒的巅峰。甘甜至上。最低俄克斯勒浓度150~154。原料为"贵腐化进行中的干葡萄"。

珍藏

Kabinett

由熟成的葡萄打造而成的优雅葡萄酒，多数为辛辣口味。最低俄克斯勒浓度70~85。

晚摘

Spätlese

由晚摘葡萄打造而成，均衡感强、味道饱满。最低俄克斯勒浓度76~95。

精选

Auslese

由易于熟成、特定的葡萄打造而成，味道高雅。最低俄克斯勒浓度83~105。

辛辣口味的全新品质等级

古典与精选

一直以来，根据德国葡萄酒法的规定，葡萄酒的等级越往上，则味道越加甘甜，所以人们很难辨认出上等辛辣葡萄酒的细微差别。对此，从收获年份2000年开始，德国对辛辣口味葡萄酒进行了全新的等级——"古典"和"精选"划分。二者皆是Q.b.A.葡萄酒，但"古典"属于适中等级，而"精选"是由上等单一葡萄打造的最高等级。从原则上讲，二者均由单一品种酿造而成，但可以使用的品种、最大收获量等因素受到一定的限制。

古典

Classic

均衡、酒体偏重的辛辣风格。所用原料在13个指定栽培地域之一进行栽培，根据各地认可的原则，需由单一品种进行酿制。不可以用村名或葡萄田名来命名。

精选

Selection

在13个指定栽培地域之一进行栽培，由单一品种葡萄田的葡萄酿制而成的最高品质的辛辣葡萄酒。对收获量和手工采摘均进行了严格限制。在标签上也标示出葡萄田名。

标 签 解读

DR. LOOSEN ❶

2005 ❷

Wehlener Sonnenuhr ❸

Riesling Kabinett ❹

❻ QUALITÄTSWEIN MIT PRÄDIKAT · PRODUCE OF GERMANY ❺
ERZEUGERABFÜLLUNG: WEINGUT DR. LOOSEN · D-54470 BERNKASTEL / MOSEL
A. P. NR. 2 576 162 40 06 · ENTHÄLT SULFITE ❼

❽ alc. 8.0 % vol　　Mosel·Saar·Ruwer ❾　　750 ml ℮ ❿

在德国葡萄酒标签上，不仅标有生产地等，还有使用的品种、生产地域、葡萄田名、品质等级、级别、甘甜辛辣口味等。这种标有大量信息的方式，反而繁琐难懂。如今，以辛辣口味的新范畴、古典和精选为首，逐渐使标签标记简略化。

① 生产者（酿造厂）名称
　DR.LOOSEN
② 收获年份
　（葡萄的收获年份）
③ 葡萄酒名称＝生产地名称

※ 原则上，生产地名称用"村名（词尾加所有格 er＋葡萄田名）"表示。
④ 葡萄品种名＋等级
⑤ 葡萄酒的品质等级＋原产国
　特级优质酒

⑥ 封瓶生产者
⑦ 品质检查号码
⑧ 酒精度数
⑨ 生产地域（13个指定栽培地域）
　摩泽尔·萨尔·鲁韦尔
⑩ 容量

德国葡萄酒法规

德国葡萄酒法以葡萄收获时的熟度为基准，将葡萄酒分为餐桌葡萄酒和上等葡萄酒两大品质范畴。上等葡萄酒只使用13个指定栽培地域内的葡萄，分为基础Q.b.A.和最上等的特级优质酒。其中，特级优质酒根据葡萄的熟成度，又进一步分为6个等级（参见P154）。在德国，上等葡萄酒占全部生产量的95%。

严格

规定

宽松

特级优质酒
Pradikatsweine
仅使用13个指定栽培地域内的葡萄，最上等葡萄酒。
由熟成度较高的葡萄酿制，根据果汁糖度，分为6个等级。

优质葡萄酒
Q.b.A
Qualitätswein bestimmter Anbaugebiete
仅使用13个指定栽培地域内的葡萄，上等葡萄酒。
对品种和酒精度等均有限定，亦包括古典、精选的辛辣口味。

地方葡萄酒
Landwein
高级餐桌酒，表示出产地名称。
仅有辛辣、半辛辣口味。

佐餐酒
Tafelwein
日常消费用餐桌酒。

西班牙

红酒、卡瓦酒、雪利酒，魅力缤纷多彩

不断用心变革，受世人瞩目的国度

伊比利亚半岛拥有良好的气候条件，葡萄酒生产地几乎占西班牙国土的全域。整体上，西班牙以山脉和台地较多，海拔也造就了葡萄田优越的风土条件。除了北部和西部的沿岸区域，降水量非常低。以由当地代表性品种丹魄酿制而成的强劲红葡萄酒为中心，卡瓦和雪利等葡萄酒亦缤纷多彩。近年来，变革之潮不断涌进，今后该地区的葡萄酒动向也非常值得期待。

主 要 生产地

❶ 里奥哈
Rioja

位于西班牙北部埃布罗河的上游流域，是西班牙首屈一指的佳酿地。近80%的生产量均是红葡萄酒，譬如以丹魄为主体打造的加尔纳什。长期熟成类型较多，稳定的气候孕育出了纤细均衡的口味。

❷ 佩纳迪斯
Penedès

位于西班牙东北部，卡特鲁西亚的代表性产地，也是采取香槟制法酿制而成的起泡葡萄酒、卡瓦酒的主要产地。近年来，也涌现了使用霞多丽等多彩国际品种打造的优质平静葡萄酒。

❸ 普奥拉度
Priorato

葡萄田分布在山岳地带的贫瘠陡坡上，昼夜温差大，有利于打造风味浓缩的红葡萄酒。20世纪80年代后半叶以后，生产者"4人组"打造着更加高品质的葡萄酒，备受瞩目。

❹ 尤贝拉区
Ríbera del Duero

位于杜罗河（横贯西班牙内陆东西走向）沿岸，以丹魄为主体打造的高品质红葡萄酒产地。夏季炎热、傍晚寒冷，孕育了浓缩风味的葡萄。20世纪80年代以后，该地葡萄酒凭着摩登风格而备受关注。

❺ 鲁艾达
Rueda

位于杜罗河流域、海拔600~700m的中央台地，是西班牙代表性的白葡萄酒产地。以青葡萄种为主体打造的葡萄酒新鲜清爽、味道辛辣。也有将比尤莱与长相思进行混酿。

❻ 拉曼恰
La Mancha

位于马德里南部、西班牙中央大平原。栽培面积与生产量皆占国内首位。最多的是白葡萄阿依伦。一直以来，廉价葡萄酒占大多数，近年来，品质不断得到改善，透彻新鲜的优质葡萄酒也在不断增加。

❼ 赫雷斯
Jerez-Xérès-Sherry

位于西班牙西南部安达卢西亚地区，与赫雷斯、圣塔玛利亚、圣路卡形成三角地带。用在独特的石灰岩土壤上生产出的巴洛米诺种打造雪利酒。

❽ 下海湾
RÍs Baixas

位于葡萄牙北部、大西洋沿岸的加利西亚。阿尔巴利诺种占栽培面积的95%以上，其打造而成的优质葡萄酒新鲜、香气清晰、果味十足。与鱼贝类非常搭配，被称为"海洋葡萄酒"。

Spain

Data
北纬／36°~44°（主要产地）
栽培面积／1.18×10⁶ha（世界第1位）
年均生产量／3.61×10⁹L（世界第3位）
※参照2005年O.I.V.资料

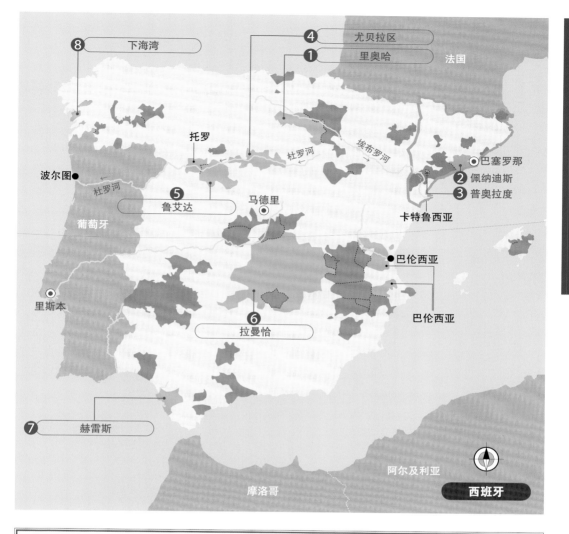

西班牙葡萄酒的熟成规定

在西班牙，葡萄酒要在适合饮用的时期上市，这种意识越加强烈。同时，葡萄酒熟成期也有相应的规定，比如优质珍藏红葡萄酒，需要在酿造所内进行最低5年的熟成。

佳酿
Crianza

红葡萄酒需进行24个月以上的熟成（其中在小酒樽6个月以上。里奥哈和尤贝拉区则需酒樽熟成12个月以上），白、玫瑰红葡萄酒需12个月以上（其中在酒樽熟成6个月以上）。

珍藏
Reserva

红葡萄酒需进行36个月以上的熟成（其中在小酒樽熟成12个月以上），白、玫瑰红葡萄酒需24个月以上（其中在酒樽熟成6个月以上）。

特藏
Gran Reserva

红葡萄酒需进行60个月以上的熟成（其中在小酒樽熟成18个月以上），白、玫瑰红葡萄酒需48个月以上（其中在酒樽熟成6个月以上）。

美国

阳光、寒流产生寒暖差
打造出馥郁浓厚的葡萄酒

西海岸是主要产地，其中最大的产地是加利福尼亚州，占国内生产量的90%。最近，俄勒冈州、华盛顿州也在打造高品质葡萄酒。加利福尼亚年日照量大，在葡萄的生长期间，气候几乎一直干燥。此外，流经太平洋的加利福尼亚寒流的影响巨大，来自海洋的寒冷空气形成雾气，产生寒暖差。就这样，孕育出的葡萄具有馥郁的果味和饱满的口味。

主要
生产地

加利福尼亚州
California

❶ 纳帕谷
Napa Valley

称得上是"加利福尼亚飞跃发展的原动力"的佳酿地。南北走向狭长，受到来自南面海湾的冷空气影响，越往北，气候越寒冷。生长的葡萄具有浓缩的果味。主要栽培品种有赤霞珠、霞多丽、梅尔诺等。

❷ 索诺玛谷
Sonoma

与纳帕谷形成双璧。位于北海岸沿岸，越往西或北，气候越寒冷。栽培品种多样化，在寒冷地区的霞多丽、黑皮诺、高品质仙粉黛等非常知名。

❸ 北海岸
North Coast

分布于圣弗朗西斯科湾北部海岸沿岸，是加利福尼亚评价最高的产地。除了纳帕谷、索诺玛佳酿地，还有湖郡等地域。知名酿造厂也很多。

❹ 海湾地区
Bay Area

圣克鲁斯及利弗摩尔等地。由于溪谷沿东西走向，来自太平洋的冷风覆盖全谷，降低了葡萄田的温度。主要品种有霞多丽、长相思、赤霞珠等。

❺ 中央海岸
Central Coast

自圣弗朗西斯科南部至洛杉矶近郊的沿岸产地。其中，北部的蒙特雷、南部的圣巴巴拉非常知名。在海风的影响下，气候寒冷的圣巴巴拉，主要以勃艮第品种和威士莲为主，魅力十足。

❻ 西拉山
Sierra Foothills

位于西拉·内华达山的西侧斜坡上，分布于海拔300m以上的原野上。气候温暖干燥，而夕阳西下之时，从山脉吹来的冷风瑟瑟。以果味强烈、味道浓厚的山粉黛而闻名遐迩，也有粉色的白山粉黛。

华盛顿州
Washington

美国西海岸最北面的州，生产量占全美国的第2位。产地主要位于喀斯喀特山脉的东面。夏季日照时间长，气候干燥，寒暖温差大。栽培的品种呈多样化，梅尔诺、威士莲等口碑俱佳。

俄勒冈州
Oregon

位于加利福尼亚州的北部，近沿岸的主要产地气候湿润寒冷。主要品种黑皮诺，因浓烈的风格和高雅的品质而备受世界关注。此外，人们对霞多丽、灰皮诺的评价也很高。

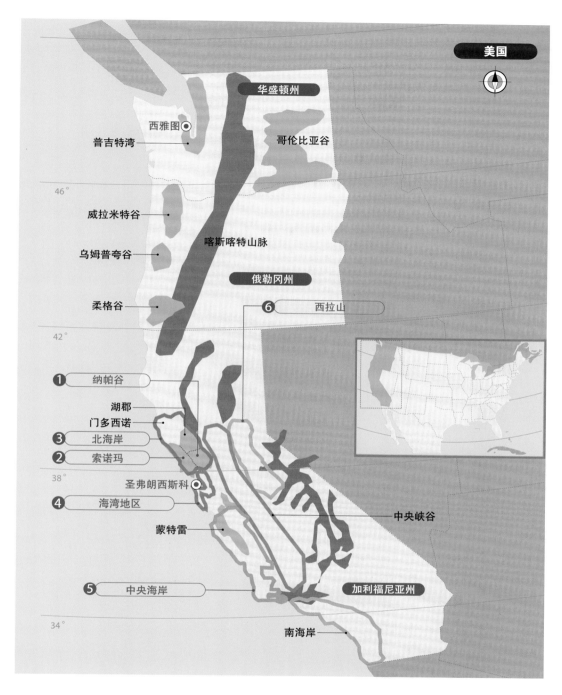

美国

华盛顿州

西雅图◎
普吉特湾
哥伦比亚谷

46°

威拉米特谷

乌姆普夸谷
喀斯喀特山脉

俄勒冈州

柔格谷

❻ 西拉山

42°

❶ 纳帕谷

湖郡
门多西诺
❸ 北海岸
❷ 索诺玛

圣弗朗西斯科◎

38°

❹ 海湾地区

蒙特雷
中央峡谷

❺ 中央海岸
加利福尼亚州

34°

南海岸

USA

Data
北纬／33°~48°（西海岸的主要产地）
栽培面积／3.99×10^{5}ha
年均生产量／2.29×10^{9}L（世界第4位）
※参照2005年O.I.V.资料

澳大利亚

以西拉斯为首品种多样，变化十足

生产地集中在国土 1/3 南侧较寒冷的区域。东南部的 3 个州占生产量的 95%。气候温暖干燥，葡萄易于熟成。土壤与风土条件呈多样化，栽培着众多国际知名品种，代表性品种有西拉斯。

主要生产地

❶ 南澳大利亚州
South Australia

基本占国内生产量的一半。生产地区气候、土壤呈多样化，其中包括因强劲有力的西拉斯而闻名遐迩的中心产地巴罗莎谷、打造着品质高雅的威士莲的嘉拉谷以及酿制着赤霞珠的库纳瓦拉。

❷ 新南威尔士州
New South Wales

澳大利亚葡萄酒的发祥地。尤其是位于悉尼正北方的猎人谷，作为最古老的生产地域非常知名。该州是澳大利亚雨水最多的产区，以馥郁的霞多丽和辛辣的赛美蓉而闻名遐迩。

❸ 维多利亚州
Victoria

亚拉河谷、吉隆等产地非常有名，气候寒冷（最高气温比勃艮第还低）。主要栽培勃艮第品种，作为黑皮诺产地，在澳大利亚受到的评价最高。

❹ 西澳大利亚州
Western Australia

生产规模较小，但高级品辈出。邻近的珀斯沿海产地玛格丽特河，充分利用寒冷气候的优势，酿制着优雅的葡萄酒。霞多丽和赤霞珠很受欢迎。

澳大利亚

北领地
昆士兰州
西澳大利亚州 ❹
南澳大利亚州 ❶
❸ 维多利亚州
❷ 新南威尔士州
30°
● 珀斯
嘉拉谷
巴罗莎谷
● 悉尼
● 堪培拉
玛格丽特河
库纳瓦拉
吉隆
亚拉河谷
墨尔本
40°
塔斯马尼亚州

Data
北纬／30°~40°（主要产地）
栽培面积／1.67×10⁵ha
年均生产量／1.43×10⁹L（世界第6位）
※参照2005年O.I.V.资料

Australia

New Zealand

Data
北纬／36°~45°　（国土）
栽培面积／2.5×10⁴ha
年均生产量／1.33×10⁸L
※参照2005年O.I.V.资料

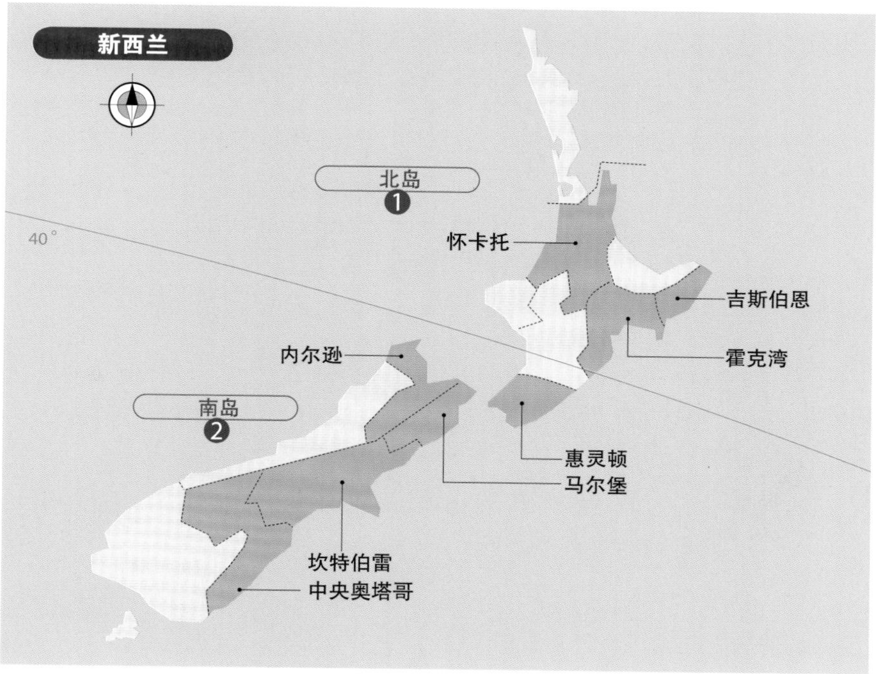

新西兰

如实体现着寒冷气候
新风格的新世界葡萄酒

新西兰

- 北岛 ❶
  - 怀卡托
  - 吉斯伯恩
  - 霍克湾
- 内尔逊
- 南岛 ❷
  - 惠灵顿
  - 马尔堡
- 坎特伯雷
- 中央奥塔哥

40°

新西兰分为北岛和南岛，四周被海环绕，属于海洋性气候。气候寒冷，昼夜存在温差。葡萄不失酸味，稳步熟成。虽是新世界的全新产地，但长相思和黑皮诺酿制的成功，作为高品质葡萄酒生产国而备受关注。

主要生产地

❶ 北岛

在东海岸，优良产地林立，是商业生产的发祥地。位居栽培面积第2位的霍克湾，波尔多风格的葡萄酒受到较高的评价。在北面的吉斯伯恩产区，顶级区域马丁堡因高品质黑皮诺而闻名。

❷ 南岛

位于东北端的马尔堡，在新西兰属于飞跃发展的中心地，也是国内最大产地。20世纪80年代以后，取得国际性成功的云岭酒庄长相思，堪称南岛葡萄酒的鼻祖。此外，位于南部的国内唯一一个大陆性气候产地中央奥塔哥，作为黑皮诺产地，也受到较高的评价。

智利

实力尽情显现的赤霞珠

性价比十足

位于安第斯山脉西麓，西临太平洋。在狭长的国土中，中央山谷为主要产地，受太平洋寒流的影响，属于温度适中的地中海气候。一直以来，性价比较高的赤霞珠备受关注。如今，生产者不断在寒冷地域开垦葡萄田，打造更高品质的葡萄酒。

❶ 阿空加瓜（北部）
Aconcagua

周围1500m级群山环绕，夏季炎热，温差15~20℃，适合葡萄的生长。打造的赤霞珠味道非常浓缩。卡萨布兰卡谷受海洋影响，气候寒冷，霞多丽和黑皮诺备受关注。

❷ 中央山谷（中央部）
Central Valley

因适合葡萄栽培的地中海气候而成为智利葡萄酒的中心地。最知名的是美宝谷，赤霞珠也非常有名。在兰佩山谷、卡恰布谷，由梅尔诺和解百纳酿制而成的红葡萄酒亦很受欢迎。

Chile

Data

北纬／32°~28°（主要产地）
栽培面积／1.93×10⁵ha
年均生产量／7.88×10⁸L（世界第10位）
※参照2005年O.I.V.资料

阿根廷

栽培技术高超，品质急速上升

海拔高、比较寒冷的产地

被安第斯山脉相隔，正好位于智利中央山谷另一侧的门多萨省，是阿根廷最主要的产地。葡萄田平均海拔900m，雨水较少，属于大陆性气候，生产的葡萄多汁多量。近年来，致力于提高葡萄的品质，色泽深、具有野性味的品种马尔白克等备受关注。

❶ 门多萨省（中央西部）
Mendoza

占国内生产量的70%~75%，品质数量兼备，是阿根廷的主要产地。作为栽培地，路简得库约、圣拉斐尔非常知名。以马尔白克为中心，有赤霞珠、白诗南等众多品种。此外，与门多萨省毗连的路简得库约占生产量的20%左右，属于第二产地。

❷ 西北部
Región Noroeste

在海拔1000~2000m的灌溉溪谷上栽培葡萄，主要栽培地有卡尔查基埃斯谷地、拉里奥哈等。白葡萄多伦提斯·里奥哈作为阿根廷代表性栽培品种，占着较大比例，它具有独特的香气和风味，受到国际性瞩目。

Argentina

Data

北纬／22°~42°（主要产地）
栽培面积／2.19×10⁵ha
年均生产量／1.52×10⁹L（世界第5位）
※参照2005年O.I.V.资料

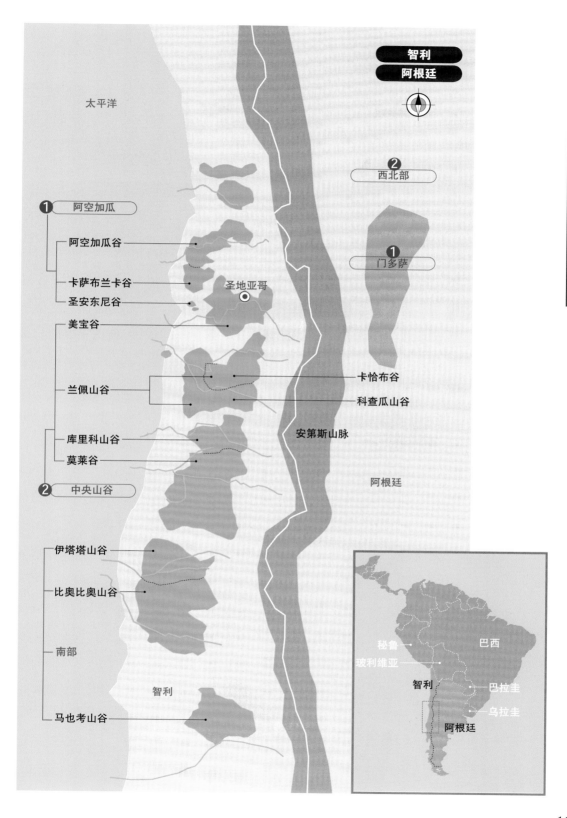

智利
阿根廷

太平洋

② 西北部

① 阿空加瓜

阿空加瓜谷

卡萨布兰卡谷

圣安东尼谷

① 门多萨

圣地亚哥

美宝谷

卡恰布谷

兰佩山谷

科查瓜山谷

安第斯山脉

库里科山谷

莫莱谷

阿根廷

② 中央山谷

伊塔塔山谷

比奥比奥山谷

南部

智利

秘鲁

巴西

玻利维亚

智利

巴拉圭

乌拉圭

马也考山谷

阿根廷

163

日本

从日本固有的甲州，至欧洲系品种
冲破高温多雨障碍，品质迅速提升

日本温度较高，葡萄培育和收获时期的雨量较多，并不适合高级葡萄酒的生产。然而近年来，栽培家、酿造家们的努力终有成果,葡萄品质在不断上升。山梨县、长野县、山形县作为葡萄主要产地，雨量较少，昼夜温差大。同时还栽培着国产品种甲州、麝香·蓓蕾玫瑰，以及欧洲系品种赤霞珠、梅尔诺、霞多丽等高品质葡萄。

主要
生产地

❶ 山梨县
Yamanashi
生产量约占全国的1/3，拥有众多酿制厂，是日本最大的葡萄酒产地。栽培地以甲府盆地胜沼为中心向四周扩散。致力于日本固有品种甲州和麝香·蓓蕾玫瑰的酿造者较多，葡萄品质达到顶级。

❷ 长野县
Nagano
气候寒冷，昼夜温差大，属于内陆性气候，不断培育着高品质葡萄。葡萄酒生产量仅次于山梨，位居全国第2位。以盐尻产区桔梗之原的梅尔诺为首，在欧洲系品种栽培方面取得成功。从北信产区至小诸的千曲川流域亦是主要栽培地域。

❸ 山形县
Yamagata
生产量仅次于山梨、长野，位居第3位。夏季炎热，在葡萄的生长期降水少，昼夜温差大，孕育出优质的葡萄酒专用葡萄。在高畠、赤汤、上山等内陆盆地，有11家风格专一的酿造厂。

❹ 北海道
Hokkaido
无台风和梅雨，生产期间降雨量少，适合葡萄酒专用葡萄的栽培。除了适合寒冷气候的山葡萄系杂交品种，主要是克尔娜等德国系品种的白葡萄。主要栽培地有十胜、富良野、浦臼、余市等。

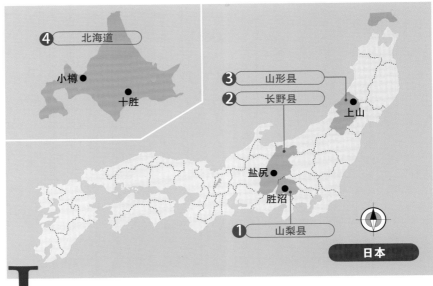

❹ 北海道

小樽●

十胜●

❸ 山形县

❷ 长野县

上山●

盐尻●

胜沼●

❶ 山梨县

日本

Japan

Data

北纬／32°~43°（生产地）
栽培面积／2×10^4ha（包括生食用）
年均生产量／9×10^8L（包括进口原料）

山形县高畠酿造厂的葡萄田。雪景下的葡萄田，正宗日本气派。

长野县北信产区的St.Cousair 酿造厂。一望无际的葡萄田，令人心旷神怡。

长野县小布施酿造厂的梅尔诺，同时也在不断加大对国际品种的栽培。

这些品种亦值得关注 —— 日本的欧洲品种

●长野的梅尔诺

黑葡萄的国际品种，在日本大获全胜的便是长野县的梅尔诺。其中盐尻产区桔梗之原的梅尔诺，受到国际公认好评。其果味宜人，酸味浓烈，味道稳定正宗。以在盐尻取得成功为契机，长野、小诸、松本、上田等地的梅尔诺均具有独特的个性。

●北海道的德国系品种

日本最北部的栽培地。为了适合其寒冷气候，主要生产使用德国系品种的白葡萄酒。讲到具体的葡萄品种，有杂交品种克尔娜和米勒托高等，其酸味洒脱水灵，香气华丽沁人，其中，克尔娜与北海道非常匹配。

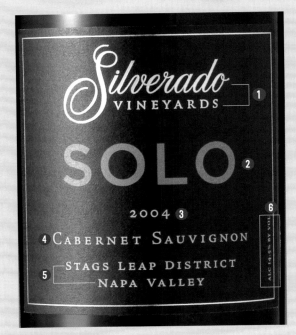

左侧标签，表示的是美国的一款单一品种葡萄酒（用品种名表示的葡萄酒）。新世界的优质葡萄酒，通常用品种名来表示，以生产者名称为中心的标签也很多。此外，最近对产地越加重视，在高级葡萄酒上除了生产地区，还会标记出葡萄田名（单一田＝○○庄园）。

① 生产者（酿制商名）
　西尔佛多庄园
② 品牌名
③ 收获年份（葡萄的收获年份）
④ 品种名（赤霞珠）
⑤ 产地（纳帕谷／鹿跃次产区产）
⑥ 酒精度数（14.5%）

葡萄酒名称的构成要素

表示方法大致分为两种
〈葡萄酒名称的两种类型〉

欧洲（传统国） →产地名·葡萄田名（AOC名等）/生产者名

例 孔得里约／蒙泰勒庄园
Condrieu / Domaine du Monteiller

新世界（新兴国） →生产者名/葡萄品种名（黑皮诺等）

例 里鹏／黑皮诺
Rippon / Pinot Noir

在新世界，即使波尔多风格等混合类型高级葡萄酒，也不标记出品种名，而用"Red Wine"来表示。标签（葡萄酒名）的中心多数是独立的品牌名（＋生产者名），即"Profile（＋Merryvale）"。

构成葡萄酒名称的要素大致有三部分：产地名（葡萄田名）、生产者名和葡萄品种名。在传统国欧洲，产地（葡萄田）个性固定，所以产地名即葡萄酒名，其中也会标记出酿造者名（生产者名）。葡萄品种名通常与产地固定组合，因此，作为常识，一般不再标记葡萄品种名。而新世界（新兴国）通常主张葡萄品种品与生产者相组合，也有在生产者名字中添入商品名（品牌名）。

第三章　葡萄酒实践讲座

只要持着酒杯，了解适合饮用的温度，就能品尝美味的葡萄酒。本章将会向大家介绍怎样在实践中享受葡萄酒的乐趣，包括与料理搭配的技巧等。

1

只要领会一点技巧，就能够轻松开启瓶塞。请一定要掌握以下轻便的开启方法。

试着开启真正的佳酿吧

将螺旋开启器径直拧进底部

在拔瓶塞时，经常会有失败的情况。譬如螺旋开启器发生倾斜、瓶塞突然破裂、在拔起的途中瓶塞断在里面等。那么，将螺旋开启器径直拧进底部如何？首先，把螺旋开启器前端的尖形部分刺入瓶塞的正中间，然后将螺旋开启器放正，将螺旋开启器径直拧入。此外，倘若螺旋开启器停在途中再用力的话，便容易发生瓶塞断裂情况，所以要将螺旋开启器径直拧进底部。

首先，将划刀放在瓶口较细的部位，转动划刀将瓶套划开。保持酒瓶静止，划刀再反方向转动一圈。

1

不要使用蛮力，转动侍酒刀，将螺丝径直拧入，为了方便挂上钩，留下一圈螺丝。

4

侍酒刀的构造

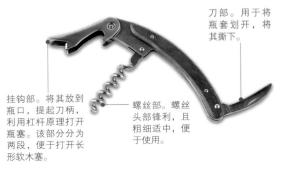

刀部。用于将瓶套划开，将其撕下。

挂钩部。将其放到瓶口，提起刀柄，利用杠杆原理打开瓶塞。该部分分为两段，便于打开长形软木塞。

螺丝部。螺丝头部锋利，且粗细适中，便于使用。

再次提起侍酒刀刀柄，直至绷直状态，然后慢慢拔起软木塞。不要一口气拔起，留5~10mm。

7

接着，将划刀纵向从划痕处向上划动，取下瓶套。注意不要弄伤手指。

2

用手指拿住螺旋开启器的一部分，首先将开启器前端的尖形部分刺入瓶塞的正中间，然后保持开启器与瓶塞呈垂直角度，径直拧进底部。

3

将前端的挂钩放到瓶口边缘处，把侍酒刀刀柄沿视线前斜上方拔起。利用杠杆原理，将软木塞径直提起。

5

为了防止软木塞破裂，转动侍酒刀，将余下的一圈螺丝拧入软木塞。

6

用大拇指和食指卡住软木塞，轻轻地前后摇晃，慢慢地拔起。陈年葡萄酒的软木塞比较脆弱，拔出时请多加小心。

8

拔起软木塞后，闻一下软木塞上葡萄酒的气味，以此来确认是否发霉。

9

在开启起泡葡萄酒的瓶塞时，为了防止软木塞因气压而进出，需要用大拇指用力按住软木塞的顶部，然后轻轻地拔起瓶塞。

瓶套有开封口的，则从开封口处撕下瓶套；如果没有，则使用侍酒刀开封。

为了防止软木塞因气压而进出，用一只手的大拇指用力按住其顶部，另一只手托住瓶底，慢慢地转动酒瓶，使软木塞松动。

为了防止软木塞进出，用左手大拇指用力按住其顶部，把铁丝轻轻拧开。

软木塞因气压而一点点向上移动的同时，慢慢地将其拔起。若是马上将瓶身立起，瓶塞会突然进出，所以放出一点气体后再将瓶身立起。

起泡葡萄酒在开瓶前最好将其冷藏

起泡葡萄酒和白葡萄酒在开瓶之前，最好将其冷藏至一定的温度（参见P174）。因为温度越低，二氧化碳越容易溶于酒体内，便不用担心瓶塞会突然进出。为了降低葡萄酒的温度，可以使用如照片所示的葡萄酒冷却设备。其使用方法很简单，首先加入冰块，再添加入足量的水，浸满整个瓶身。按照每分钟降1℃来计算，十几分钟后温度便恰到好处。也可以在就餐时继续降温饮用。

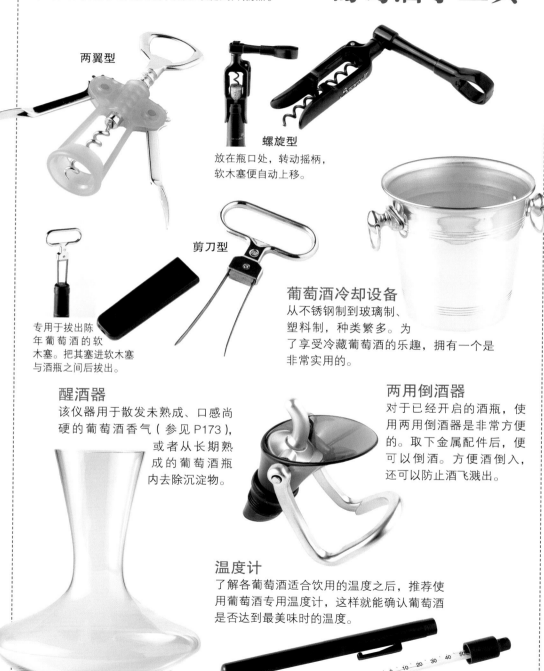

软木塞开启器

除了侍酒刀外，还有多种类型开启器。不易失败、方便初学者使用的，便是螺旋式开瓶器。

两翼型

螺旋型
放在瓶口处，转动摇柄，软木塞便自动上移。

剪刀型

专用于拔出陈年葡萄酒的软木塞。把其塞进软木塞与酒瓶之间后拔出。

葡萄酒冷却设备

从不锈钢制到玻璃制、塑料制，种类繁多。为了享受冷藏葡萄酒的乐趣，拥有一个是非常实用的。

醒酒器

该仪器用于散发未熟成、口感尚硬的葡萄酒香气（参见 P173），或者从长期熟成的葡萄酒瓶内去除沉淀物。

两用倒酒器

对于已经开启的酒瓶，使用两用倒酒器是非常方便的。取下金属配件后，便可以倒酒。方便酒倒入，还可以防止酒飞溅出。

温度计

了解各葡萄酒适合饮用的温度之后，推荐使用葡萄酒专用温度计，这样就能确认葡萄酒是否达到最美味时的温度。

2 玻璃杯与口味

在品尝葡萄酒时，请一定要选择合适的玻璃杯。通过使用专用的玻璃杯，香气与口味将会突然变得与众不同。

万能型

在一定程度上，酒窝部分较大，杯身细长，瓶口呈缩窄形状，让葡萄酒的馥郁的香气浓缩、果味与酸味达到完美的平衡。适合酒体适中的葡萄酒，亦适合红葡萄酒和白葡萄酒。当只有1位客人时，可以使用该酒杯。

［古典基昂蒂 高210cm 容量370mL］

波尔多型

较大的酒窝充分提升了葡萄酒浓厚的香气。葡萄酒缓缓地流入口中，果味加强，苦味得到控制。适合酸味适度、单宁强烈浓深的波尔多风格红葡萄酒。

［波尔多 高225cm 容量610mL］

根据葡萄酒类型，使用方法分门别类

葡萄酒的口味，根据所使用的酒杯不同而有所差异。选择与葡萄酒相搭配的酒杯，能够感受到葡萄酒更纤细的香气和口味，饮用的乐趣也变得更加无穷。

为了便于观赏颜色，作为基本条件，杯身应该无色透明；形状上，为了使香气不扩散，酒杯口应向内缩，呈郁金香型。此外，酒杯边缘（与嘴接触部分）最好薄而圆润，该处倘若偏厚，葡萄酒的风味不再那么浓缩。

注入葡萄酒至酒杯酒窝1/3处，上面的空余部分香味萦绕，因此最好保持一定的空余空间。通常，酒体复杂偏重的葡萄酒选择大酒杯，洒脱轻盈的葡萄酒选择小酒杯。根据葡萄酒的风格和个性，设计有各种类型的酒杯。最初的时候，可能没必要拥有各种类型的酒杯，但一旦发现喜欢的葡萄酒，建议大家要选择一款与其搭配的酒杯。

勃艮第型

酒窝大，香气萦绕于整个酒杯。葡萄酒自舌尖突然涌进，果味与甘甜变强，酸味变淡。比较适合酸味丰富、单宁适中、给人感官冲击的黑皮诺葡萄酒。

[勃艮第 高210cm 容量700mL]

香槟型

伴随着香槟酒等纤细气泡，舌尖处便能感受到其美味。照片中的类型，酒窝鼓起，更好地引出香气，赋予了柔滑的口感。

[名品香槟 高218cm 容量230mL]

斗篷型

在传统聚会等场合经常用于品尝香槟酒。最初用于甘甜起泡葡萄酒，其平憨的形状让品尝者在饮用时不必多做动作。不适合辛辣口味的香槟酒。

醒酒的作用和使用方法

所谓醒酒，就是将葡萄酒从酒瓶转移至醒酒器的过程。其主要目的有二，一是将生涩、味道生硬的葡萄酒与空气进行接触，打开香气；二是除去长期熟成的葡萄酒在瓶内残留的沉淀物。在这里说明一下前者：香气的开启需要花费一定时间，该方法对于涩味强的红葡萄酒等非常有效，请一定要记住。

最初，将少量葡萄酒倒入醒酒器，一边缓缓转动，一边将葡萄酒过渡至中央部分，进行醒酒器的冲洗，以便除去醒酒器上残留的多余气味。最后倒掉冲洗后的葡萄酒。

将酒瓶放到醒酒器内侧近口处进行倾倒，葡萄酒在内侧形成薄膜，缓缓地流入醒酒器内，同时与空气进行充分接触。

3

美味的温度和保存方法

要想品尝葡萄酒的美味，"适温"是重点。根据风味选择不同的温度，葡萄酒乐趣将不断提升。

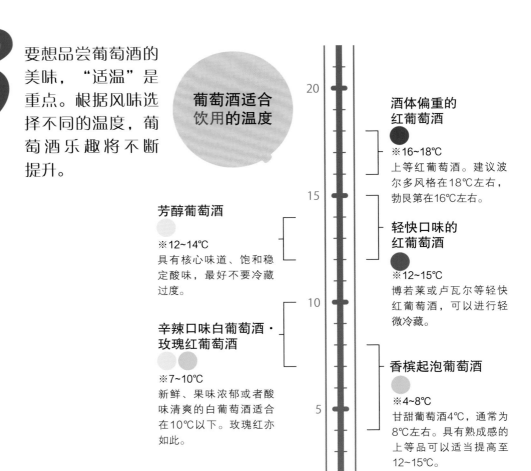

葡萄酒适合饮用的温度

芳醇葡萄酒

※12~14℃
具有核心味道、饱和稳定酸味，最好不要冷藏过度。

辛辣口味白葡萄酒·玫瑰红葡萄酒

※7~10℃
新鲜、果味浓郁或者酸味清爽的白葡萄酒适合在10℃以下。玫瑰红亦如此。

酒体偏重的红葡萄酒

※16~18℃
上等红葡萄酒。建议波尔多风格在18℃左右，勃艮第在16℃左右。

轻快口味的红葡萄酒

※12~15℃
博若莱或卢瓦尔等轻快红葡萄酒，可以进行轻微冷藏。

香槟起泡葡萄酒

※4~8℃
甘甜葡萄酒4℃，通常为8℃左右。具有熟成感的上等品可以适当提高至12~15℃。

作为基本方法，温度与酒体相关联。通常，轻快风格降温、厚重风格升温。

印象随着温度而突然改变

对于香气复杂馥郁的红葡萄酒，降温过度时，香气会闭塞；对于爽快透明的白葡萄酒，微温时，味道会变得模糊。因此，葡萄酒的味道随着温度的变化，既会变得美味，亦会变得难喝。进而言之，根据类型，适合的温度会充分发挥出其魅力。

那么，根据葡萄酒的哪些因素来改变温度呢？一是葡萄酒的酸味和涩味。白葡萄酒，苹果酸般清爽、棱角分明的酸味较多，适合冷藏至10℃以下。倘若较为饱满稳定的酸味——酒石酸、乳酸较多的话，则适合12℃以上。而红葡萄酒的涩味根源——单宁遇冷更强烈，微温则变得柔和。此外，当希望香气复杂馥郁时，一般提高温度，香气和质感会变得更加明显，所以，多数红葡萄酒在16~18℃时变得十分美味。

降低温度		提高温度
温度与口味的差异		
新鲜感加强	整体	熟成感、复杂性加强
质感变弱	香气	质感加强
保守、舒畅的感觉	甘甜	浓烈，甜味加强
更鲜明	酸味	饱满
明显	苦味·涩味	饱满

葡萄酒的理想保存条件

1　低温（10~15℃），温度变化小

2　背光的暗处

3　保证湿度（65%~75%）

4　无振动、异味之处

5　能平放储存酒瓶之处

避免高温和急剧变化的环境

　　储存葡萄酒时，一定要留意的便是温度。尤其是高温和急剧变化的环境，轻易就会损害到葡萄酒。长期放置于温度在28℃以上的环境，会加速葡萄酒化学变化，容易使其变质。此外，短时间内温度反复急剧变化，葡萄酒就会反复膨胀和收缩，产生漏液等情况，加剧劣化。换言之，低温（10~15℃）是保存葡萄酒的理想温度。

　　另外，应避免紫外线或荧光灯的直射，保证存放之处无振动，周围无异味。基本上，应避开多余的刺激物和变化的环境。

　　将瓶身平放保存的目的在于避免软木塞干燥。软木塞一旦干燥，空气便会沿间隙进入瓶中，导致酸化。保持一定湿度的原因亦是如此。

　　葡萄酒保存在专用冰箱是最理想的。此外，为了避开光照和急剧的温度变化，也可以用报纸包裹起来，放入冷藏箱，或者放入温度变化小的清凉场所（抽屉等）。

4

品尝与要点

确定色、香、味之后，一起捕捉葡萄酒的个性吧。最初会有些棘手，但要深信，熟能生巧。

品酒杯

为了保证每次的品酒质量不变，品酒杯的制造均严格遵守ISO（国际标准化机构）规定。品酒杯容量为50mL。

[标准品酒杯的规格]
- 颜色：无色透明
- 材质：水晶玻璃
- 含铅量：9%
- 总容量：（215±10）mL
- 高：（155±5）cm

●持杯法

基本上，手持酒杯的"杯脚"部分，这是为了体温不影响到葡萄酒。手持部位接近杯子的底座，在品尝时更加轻便。

●观看Disk的色泽

如照片所示，将酒杯倾斜，椭圆形的液面即是Disk。中间色泽深，周围淡，色泽微妙，深淡差容易辨别。

●所谓"Swirling"

将盛有葡萄酒的酒杯进行旋转即是"Swirling"。通过旋转，葡萄酒与空气充分接触，从内壁飘来阵阵香气。为了即使旋转酒杯失败也不会溅到他人身上，切记应面向自己一方进行旋转，这也是基本礼仪。

葡萄酒熟成与色泽的变化

外观上会传达多种信息，熟成度是其中之一。

夹有绿色的黄色	黄色	米色~琥珀色
	白葡萄酒	

未熟成 → 熟成

夹有紫色的深红色	红色	橙色~土坯色
	红葡萄酒	

通过倾听葡萄酒的声音，乐趣更加深沉

　　一般情况下品尝葡萄酒的目的大致分为两点。第一个目的是确认葡萄酒品质是否完善。确认要点有多种方式，其一是"清澈度"，通常情况下，品质完善的葡萄酒清澈而闪亮，倘若浑浊，则说明品质很可能存在问题。还有一点，倘若闻到"软木塞"等"怪味"（参见P196），则说明葡萄酒已劣化。

　　第二个目的是通过确认其外观、香气、味道来倾听葡萄酒的声音，从而抓住葡萄酒的个性。可能刚开始会有些难度，但熟能生巧嘛。对葡萄酒的理解越深，则乐趣越加深沉。葡萄品种的特性和产地不同，将会导致个性的差异，质感、清凉感、复杂性和熟成度的变化等。了解到多方面信息后，葡萄酒的整体形象便会清晰地浮现在脑海中。

观看外观

色

首先，以白纸或手帕为背景，将酒杯倾斜，以此确认色泽、色调和清澈度。接着将酒杯恢复至原位，通过附着在壁面上的葡萄酒流动情况，判断其黏性。

Point

通过颜色能得知哪些信息？

年轻的赤霞珠呈深红紫色，黑皮诺接近明亮的红宝石色，品种特性展现无遗。此外，即使同一品种，根据熟成度（参见 P176）、产地（寒冷还是温暖）、收获年份（熟成度）等的不同，颜色也会出现差异。一般情况下，色泽深，则味浓；色泽明亮，则味轻快。

采集香气

香

将鼻子接近酒杯，采集香气。此时，倘若一下子将鼻子放入杯中，则会错过纤细的香气。因此，首先要从远处缓缓采集。其次，通过转动酒杯使香气更加明显。当鼻子疲倦时，应让鼻子好好休息一下。

Point

通过香气能得知哪些信息？

葡萄酒的香气，包括果香和花香、香草和菌类香、辛辣香、动物臭和烤肉香、矿物质感等，种类繁多。这些都是显示着熟成度、复杂性、制法、风土条件等要素的指标（关于香气构成，参见 P40）。关键的不仅仅是这些要素，而是怎样捕捉到其质感、密度、复杂性和平衡感。

品尝味道

味

将葡萄酒含入口中，首先让葡萄酒在整个口腔内流动，确定味道的要素。此时，意识将集中在味觉方面，之后撅起嘴深深地吸入一股强劲有力的空气，香气的膨胀感立刻充满全身。残留的余韵悠长。

Point

通过味道能得知哪些信息？

以酸味的程度和风格为首，还包括果味、涩味（尤其是红葡萄酒）、甜味（主要是白葡萄酒）、酒精等质感。含入口中的第一印象（冲击力）是什么样的（饱满、强劲有力，还是复杂……）、在口中扩散方式是什么样子的，酒体的厚度和密度如何等，均可以通过味道进行综合性评价。余韵的时间是与品质高低相关联的重要因素。

要点归纳

建议大家在进行外观、香气、味道以及综合性评价之后，归纳记录。此时印象成型，便于进行比较。即使最初采取他人的归纳要点，之后也应该逐渐明确自己的方向。

5

享受与料理搭配的惬意

葡萄酒并不孤单，通过与料理相搭配，乐趣无穷。一起了解一下享受搭配的要点吧。

与"色"结合

要想使料理和葡萄酒完美搭配，最简洁的方法就是将二者的"色"相搭配。例如将肉类大致分类，鸡肉和猪肉为白肉，羊肉、牛肉、鸭肉等为红肉。鱼类分为白肉鱼和红肉鱼。此时，是添加红色系沙司，还是添加白色沙司……一般情况下，红色料理和沙司配红葡萄酒，白色料理和沙司配白葡萄酒。实际上，并非单纯只有红白两种葡萄酒，还有其他很多色调的葡萄酒，认识了解之后，色泽的搭配将会变得更加完美。

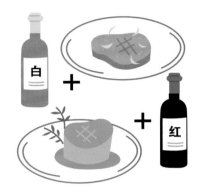

关注风味、食感和酸味等基本要素

葡萄酒与料理非常吻合的搭配被称为"Mariage（结婚）"。葡萄酒与料理相搭配的惬意，可以称得上是享受葡萄酒的无上妙趣。当然，怎样搭配全凭个人的喜好，大家可以自由享用，不过也有几点技巧可言。希望大家能了解一些享用的"要点"。

最基础的便是将葡萄酒与料理的"浓度"和"轻重"相搭配。料理的浓度和轻重由食物原材料及烹调法决定。葡萄酒包括酒体、果味、单宁等要素。味道纤细的料理配纤细的葡萄酒，味道强劲有力的料理配强劲有力的葡萄酒，以此达到完美的平衡。

该种想法是为了保持平衡，采取"更加关注具体要素"的方法，例如，更加关注与辛辣及熟成感等风味之间的搭配、奶油感及嚼感在嘴中形成的口感的搭配，或者与酸味质感之间的搭配。将葡萄酒与料理之间的共通项相搭配，优点立刻呈现。即便如此，咸味较强的蓝纹奶酪与极其甘甜的苏特恩白葡萄酒相搭配，虽风格迥异却相得益彰，正是有了这种意外性，反而变得更加有趣。

与熟成感和个性的强弱结合

与葡萄酒搭配的具体要点是料理及食材的熟成度、个性的强弱。例如，新鲜的奶酪配新鲜的葡萄酒，熟成的奶酪配熟成的葡萄酒。散发着熟成香气的菌类亦适合与熟成葡萄酒相搭配。作为一些个性较强的食材，香味较强烈，不适合与柔和葡萄酒相搭配。针对特点明显的料理，在配生姜、酱油食用的同时，更适合与熟成葡萄酒相搭配。

与今天的心情结合

葡萄酒，重点不在于美味不美味，而在于通过五官来感受生活方式的乐趣和魅力。因此，大家一定要重视以何种心情来享用葡萄酒的，"心情"是否尽显无疑。例如，身心舒畅、清爽之时，可以将冷藏的麝香葡萄酒与新鲜的鱼贝类相搭配，这样，麝香葡萄酒将会充分发挥出酸味和矿物质感。在豪华的场合，将陈年葡萄酒进行醒酒，充分发挥其香气，在浓厚的料理上撒上松露等。只要最初的干杯是香槟酒，那么当天的话题也会发生改变。

第三章 葡萄酒实践讲座

新鲜

或

熟成

华丽

香槟酒

松露

豪华

清爽

179

搭配的精髓④

与日本料理相搭配的
要点有哪些

如今，家庭料理经常使用日欧混搭的方式，那么与当天料理搭配的要点有哪些呢？可与料理相搭配的葡萄酒范围广，譬如意大利葡萄酒就是不错的选择。纯日本料理的话，一定要重视葡萄酒的纤细感，之后便是口感和甘甜的种类。对于油炸天妇罗，酸味不要过于强烈，过于油腻，而要选择清爽酒脱的葡萄酒，例如普罗旺斯白葡萄酒。对于余味残留齿间的炖菜，可以选择阿尔萨斯的白皮诺葡萄酒，此时，二者的自然甘甜达到完美的结合。

普罗旺斯

炖菜

阿尔萨斯的白皮诺

搭配的精髓⑤

极力推荐
绝品搭配

多数情况下，地方料理经常与当地的葡萄酒相搭配。其实自古以来，葡萄酒与料理之间便有"固定的搭配"。它不仅提供了便利，还将成为全新组合的要点。同时，"固定搭配"之间也可以互相交叉。在这里，给大家介绍几种搭配，仅供参考。

所谓的固定搭配

- 生牡蛎和麝香葡萄酒
- 烤幼羊和波尔多左岸红葡萄酒
- 鱼子酱与香槟酒
- 巧克力与班涅斯红葡萄酒
- 鹅肝酱与朱朗松（甘甜口味）葡萄酒
- 家禽类与法国南部浓烈红葡萄酒
- 红葡萄酒炖煮鸡肉与勃艮第黑皮诺葡萄酒
- 贝壳类与勃艮第高级白葡萄酒
- 豆焖肉与朗格多克的红葡萄酒
- 鱼蟹羹与普罗旺斯（白·玫瑰红葡萄酒）

这些搭配也不错

- 日式牛肉火锅与 NZ 黑皮诺葡萄酒
- 印度料理（辛辣）与辛辣玫瑰红葡萄酒
- 炸猪排（沙司）与罗纳河谷的格连纳什葡萄酒
- 天妇罗与里奥哈的丹魄葡萄酒
- 青椒肉丝与索米尔香槟酒（品丽珠）
- 使用芥末的料理与甲州葡萄酒

请一定要试一试

- 上等的鱼白与余韵悠长的霞多丽葡萄酒
- 白松露与熟成的香槟酒

享受奶酪与葡萄酒搭配的乐趣

　　最适合与葡萄酒搭配，并将其表现得完美无缺的食物便是奶酪了。不过根据原产地、原料乳、制法的差异，奶酪也包括多种类型。了解到其多样化与葡萄酒之间的搭配性，一切将变得更加美妙。与葡萄酒搭配的基本要点便是香气、酸味、口感等特性，以及熟成度、产地等。

●白霉奶酪

表面覆盖着一层白色霉菌，利用白霉的作用熟成。随着熟成的进行，风味不断发生变化。包括卡门伯特、布里等。根据熟成度，可与清淡的红葡萄酒、辛辣香槟酒及上等的红葡萄酒相搭配。

布里。香气逼人，无杀菌乳打造，甜味馥郁。适合与上等的红葡萄酒相搭配。

●山羊奶酪

以山羊乳为原料的奶酪，具有特有的酸味和干巴巴的口感。随着熟成的进行，风味不断发生变化。法国卢瓦尔地区的山羊奶酪非常有名，适合与桑赛尔和希农等相搭配。

圣摩尔·托雷奴。中间插入一根麦秆。随着熟成的进行，酸味消失，口味浓厚。

●洗浸奶酪

用盐水或当地出产的酒来"擦洗"其表面，使其熟成的柔软风格奶酪。香气浓郁的同时，口味较油化。艾帕歇丝、门斯特等非常知名，适合与香气强劲的上等红葡萄酒、辛辣白葡萄酒相搭配。

艾帕歇丝·勃艮第。稠糊的口感和芳醇的风味，适合与厚重的勃艮第红葡萄酒相搭配。

●青霉奶酪

利用青霉的繁殖，从内侧酝酿出独特风味的奶酪。其特征是盐味浓，具有浓厚的风味。世界上知名的有洛克福尔、戈尔根佐拉等。适合与苏特恩等极其甘甜、果味强劲有力的红葡萄酒等相搭配。

洛克福尔。羊乳的核心味道与香气逼人的霉味、浓烈的盐味达到绝妙的平衡。

●新鲜奶酪

顾名思义，就是不需要熟成的新鲜类型。柔和的味道中夹杂着淡淡的酸气。包括布鲁苏、马苏里拉、里科塔等。适合与新鲜、果香的葡萄酒，玫瑰红，中辣口味葡萄酒等相搭配。

鲁莱·埃博（法国洛林产）。草药和大蒜是主调，口感柔和。

●硬质奶酪

通过挤压和加热成形，硬度较大的奶酪。大多数均适合长期保存，通过熟成提高核心味道和甜味。包括孔泰和米摩雷特等。通过熟成打造的甘甜和香味，与酒樽香气十足的霞多丽等十分匹配。

孔泰。具有栗子般甘甜和氨基酸香味，与侏罗地区的葡萄酒非常搭配。

易于与料理搭配的万能系葡萄酒

　　了解了搭配范围广的葡萄酒，一切将变得非常有趣。易于与料理搭配的万能系代表性葡萄酒是辛辣口味的起泡葡萄酒。仅仅一瓶，就会将该餐的料理发挥得淋漓尽致。辛辣口味的玫瑰红也是不错的选择，从鱼贝类料理到清淡的肉类料理等，均十分搭配。此外，圣祖维斯虽然是红葡萄酒，但与鱼卵及鱼贝类也非常搭配。请尽情享受搭配带来的乐趣。

在店中的享用方法

Q & A

Q
与侍酒师讨论挑选葡萄酒的要点有哪些?

A 当向其告知料理和大概预算后,侍酒师会马上想到几点建议。之后的重点是传达个人的喜好。是酒体偏轻的,还是偏重的;是果味十足的,还是浓烈无味的,等等。可以结合这些选项进行选择。

Q
如何应对不能马上对料理和葡萄酒作出决定而焦急的情况?

A 首先,可以先喝一杯餐前酒,然后再选择料理。对料理和葡萄酒详尽地考虑并选择,也是餐厅中享用的独有乐趣之一。餐前酒既可以是起泡葡萄酒,也可以听取侍酒师的推荐。

Q
品尝后发现并非是自己中意的一款,可否进行更换?

A 品尝的目的首先在于确认该葡萄酒是否是自己要求的那一款,其次是确认葡萄酒品质是否存在问题。当发现该葡萄酒确实存在品质劣化等问题时,可以要求对方更换同一款无问题葡萄酒。不过以味道不中意等理由,不足以要求对方更换葡萄酒种类。

Q
如何向侍酒师传达葡萄酒预算?

A 可以将预算直接告知给侍酒师。此时,可以从葡萄酒列表中,委婉地指出预期金额,建议采取"我对这款比较中意……"这种便捷方法。

第四章　葡萄酒知识提升讲座

本章包括各种葡萄酒酿造方法和
葡萄田作业知识。对葡萄酒的酿
制过程了解越深，则葡萄酒个性
呈现得越加明显。本章专为欲对
葡萄酒进一步了解的人而设计。

1 了解一下葡萄酒的基本酿制方法

红葡萄酒和白葡萄酒是怎样酿制而成的？下面，我们来介绍一下基本的酿造方法吧。另外，味道是怎样引出的也是一个非常令人感兴趣的话题。

葡萄酒原料——葡萄本身就含有酒精发酵必备的糖分和水分，酿制过程也非常简单。大概地讲，将收获的葡萄压榨成葡萄汁，再将其发酵。原料葡萄的品质占着重要的比重，此外，如何由精致的生鲜葡萄打造出完美的味道，其技巧和所花费的工夫也值得思考。

关于白葡萄酒和红葡萄酒，白葡萄酒基本使用白葡萄，而红葡萄酒基本使用黑葡萄。这是由于红葡萄酒的色素来自于黑葡萄皮。同样，酿造方面的巨大区别在于红葡萄酒提取果皮和籽上的色素和成分，使其沁入果汁之中，这一过程称之为"浸渍发酵"。由此造成白葡萄酒的"压榨"过程在发酵前进行，而红葡萄酒在发酵后进行。

葡萄酒的一般酿造工程

白葡萄酒 —— 使用白葡萄※

收获、选果

红葡萄酒 —— 使用黑葡萄

各过程要点

①除梗、搅碎

将收获的葡萄除去果梗（果柄）的过程称之为"除梗"。所谓"搅碎"，就是将葡萄果皮弄破使果汁流出的过程。多数情况下使用除梗搅碎机加工。

②压榨

将葡萄压榨，使汁液与其他部分相分离，从压榨机自然流出的汁液是"果汁"，通过压力产生的果汁叫做"压榨果汁（也包括不去梗整串压榨的情况）"。需注意的是，白葡萄酒和红葡萄酒的加工顺序存在差异。

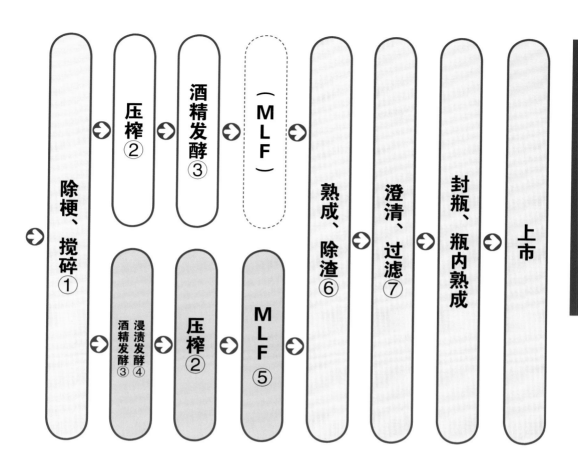

③ 酒精发酵

白葡萄酒仅将果汁移至发酵大桶里，而红葡萄酒则需将果皮和籽一起移至发酵槽里，然后开始发酵。其中，既可以使用天然酵母，亦可以使用培养酵母。发酵槽的材质包括不锈钢、木头、混凝土等。（参见P191）

④ 浸渍发酵

在红葡萄酒酒精发酵中或发酵前后，将果皮与籽一起浸泡，提取红色素和涩味（单宁）等成分的过程，称为"浸渍发酵"。单宁在无酒精的条件下很难提取。

⑤ MLF（香气发酵）

葡萄酒中的苹果菌在乳酸菌的作用下，转变成乳酸的过程，称为"香气发酵"。该过程旨在将苹果酸的凌厉酸味转化成柔和的酸味。几乎所有的红葡萄酒酿造都有该过程，白葡萄酒则按需进行。（参见P190）

⑥ 熟成、除渣

发酵结束后的葡萄酒需放入大桶或酒樽内进行沉淀，以保持平衡和良好的风味。放置一段时间后，酒樽底部会有沉淀物积累，定期将上部清澄部分转移至其他的大桶里，这也是除渣的过程。

⑦ 澄清、过滤

大桶或酒樽中的葡萄酒，会浮游着酵母及蛋白等，需要使用蛋白澄清剂澄清。之后，通过孔径较细的过滤器，除去带有微生物的固体物，保持品质的稳定。

※ 压榨黑葡萄也可以得到白汁液，所以也有用黑葡萄打造白葡萄酒，譬如白皮诺香槟酒。此外，还有夹杂着少量白葡萄进行发酵的红葡萄酒，譬如罗纳河谷北部的西拉。

白葡萄酒

浸皮

在白葡萄除梗、搅碎后，压榨前，在低温条件下，将果皮浸入果汁中数小时至1天左右，以提取果皮中含有的风味成分。波尔多地区的长相思等常使用该方法。

发酵温度的调整

在各种发酵条件中，温度是重要的因素之一。为了产生新鲜果实的香气，多数在15℃以下的低温条件下进行发酵，20℃以上的发酵温度会使葡萄酒带有一种肥厚复杂的口感。

搅拌

在熟成期间，使用搅拌器搅拌大桶或酒樽底部残留的沉淀物的过程。最初是勃艮第白葡萄酒的传统技术，通过散发沉淀物中含有的甘甜成分而使葡萄酒的风味更加馥郁。

死亡酵母法

酒精发酵结束后，不进行除渣，使葡萄酒与沉淀物长时间接触的技术。其目的在于保证葡萄酒不酸化、一直新鲜的同时，又吸收沉淀物原有的风味。具有代表性的有卢瓦尔的麝香葡萄酒等。

红葡萄酒

酒帽浸压法
淋皮

红葡萄酒在发酵的过程中，在碳酸气体的压力下，固体物（果皮、果肉、葡萄籽）被顶至液面，形成"酒帽"固体层。由于液体部分与果皮和葡萄籽不能进行充分接触，通过搅拌，达成提取的效果。所谓"酒帽浸压法"（Punching down），就是用手、脚或搅拌棒等，击溃酒帽，使其沉至液体中的方法。所谓"淋皮"，就是用水泵从大桶下部汲出葡萄液，再将其灌入酒帽中进行循环的方法。酒帽浸压法，需要用强力进行提取。

发酵前低温浸渍

在酒精发酵前，将浸有果皮、葡萄籽的果汁在低温条件下搁置数日。在发酵前不提取单宁，而只提取色素和风味成分，所以形成的葡萄酒色泽深、果味浓郁。常用于黑皮诺等葡萄酒。

二氧化碳浸皮法

将未除梗、搅碎的葡萄，放入充满二氧化碳气体的密封容器中数日，高效提取色素的方法。之后进行葡萄压榨，采用与白葡萄酒同样的方法进行发酵，打造出果味浓郁、涩味淡的葡萄酒。博若莱常采取该方法。

2 了解一下葡萄田的一年

了解一下葡萄田的基本栽培周期和主要工作。有机会的话，一定要亲自去葡萄田看看。相信到时候你一定会对葡萄酒的理解和留恋更加深沉。

栽培周期和主要工作（北半球）

※ 大概时期范围

【萌芽~展叶】（3~5月）

气温上升至10℃左右时，树液开始运动，之后，被绵毛包裹的嫩芽开始膨胀发芽（萌芽）。嫩芽长出绿叶，接下来开始成为新梢（葡萄仅结成新梢）。掐掉多余的嫩芽和枝叶，将精选后的枝叶固定在金属线上，调整树木形状。

主要工作、过程

● 萌芽
从修剪后的前年生长的枝叶中长出绿芽。

● 展叶
迎来展叶期的葡萄迅速生长，紧接着长出绿叶。

【休眠期】（11~2月）

前年收获后，葡萄开始落叶，直至初春期间，以枯枝的状态进行休眠。在该时期内，需要为下一季度精选枝叶和嫩芽，去除不需要的部分，进行修剪工作。该期间决定了嫩芽数量和预期准备，并且与收获量和葡萄的质量密切相关，是个重大的工程。

主要工作、过程

● 培土
为了防止严寒期的霜害，给葡萄树的根基培土。

● 修剪
除掉不需要的枝叶和常青藤，决定新一季度的嫩芽数量和新梢配置等。

【开花~结果】（6月）

花蕾在新梢根部附近一分为二，在气温达到20℃左右时，长出白色可爱花朵。从开花至收获大约需要100天。花朵授粉之后，雌蕊根部形成硬小的果实（结果）。此时夏季的剪枝也是非常重要的工作。

主要工作、过程

● 开花
北半球需要5~6个月。长出具有雄蕊和雌蕊的白花。

● 结实
授粉之后，密集的花海中，雌蕊的根部分别长出绿色的坚硬果实。

【着色~收获】（7~10月）

绿色的果实逐渐变大，充分的光照之后，从7~8月期间开始进行大范围着色（称为"浆果转熟"）。着色之后，葡萄继续熟成。伴随着糖度上升，酸度开始降低，风味越加浓厚，达到平衡后开始收获。

主要工作、过程

● 着色
坚硬不透明的绿色果粒，白葡萄变成黄绿色，黑葡萄变成青紫色。

● 成熟、收获
通过糖分与酸味的平衡度和风味成分的成熟度，来判断收获时机。该过程非常重要。

3 需要进一步了解的葡萄酒知识 问与答

Q 最近常听到的"自然派"和"有机农法"指的是什么

A 如果把葡萄田看成一个生物系统的话，那么应该从环境的角度，采取"自然农法"从事葡萄栽培，这是基本要求。其中，有机农法是最严密且拥有一套独特手法的栽培方法。

20世纪80年代以后，采用化学肥料和化学合成农药的农法对生物系统和生产者产生了不利因素。此外，从长远的角度来看，会使土壤本身的活力降低，也会导致土壤品质下降。所以"自然农法"及相关葡萄酒酿制方法得以传播开来。

如果用一句话来概括"自然农法"，就是包括有机栽培、节制控制法、有机农法以及数种理论和实践方法的栽培方法。

所谓有机栽培，是一种完全不使用化学肥料、除草剂和农药的农法。采用有关认证机构认证过的葡萄田栽培出来的葡萄，进而酿制而成的葡萄酒才能够称为有机栽培葡萄酒。有机栽培的基础在于使葡萄田的生态环境尽可能变得复杂。例如在葡萄树的杂草下种植各种各样的植物，便会招来众多的虫儿和鸟儿以及微生物，在复杂的关联环境中也可以防止病虫害。或者将土壤进行自然堆肥，在土壤中创造出良好的微生物环境。

此外，虽然尽可能不使用化学药剂，但是在极必要的情况下，也可

宽松 ◄─────────────────────── 限定

节制控制法

减少农药栽培法，也不是不可以使用农药，但除必需情况下，尽可能不要使用农药（化学药剂）。基本上与环境保护型农法相同，如今已经成为葡萄栽培的主流。

有机栽培

不使用化学肥料、除草剂、农药（除波尔多剂）的农法。根据国家和地域有多个认证机构，为了通过这些认证，基本上必须有3年以上有机栽培经验。

Q 亚硫酸（酸化防止剂）对人体有害吗

以进行最低限度下的使用，这种减农药栽培法称为"节制控制法"。

Bio Dynamie（法语，英语是"Bio Dynamiques"）是澳大利亚思想家鲁道夫·斯坦纳提倡的一种有机栽培方法。该农法不仅要求不可使用化学肥料、农药等，还要结合月亮和行星的运行来从事农田作业，同时将牛粪、牦牛角、水晶粉等播撒在葡萄田中。其精神在于"保持与大宇宙能量法则的和谐，充分发挥土壤和植物持有的原始能量"。该方法有些神秘，但却被众多生产者采用，这也是个不争的事实。

A 身体大量摄取的话，当然有害。为了保证葡萄酒品质而适量使用（按照日本基准，最大 0.035%），是完全没有问题的。

所谓"亚硫酸"就是二氧化硫（SO_2）溶于水所形成的水合物，自古以来便使用于葡萄酒酿制之中。亚硫酸具有杀菌力、防止酸化作用、帮助从果皮和籽中提取成分的作用等。其杀菌力可以起到葡萄酒樽杀菌、在发酵过程中杀菌的作用。从防止酸化角度来讲，可防止发酵前的果汁酸化，也可以防止成品葡萄酒的酸化。

如今在日本，葡萄酒中的亚硫酸最大准许添加量是350mg/kg（0.035%），实际使用量在0.035%以下。该添加量在健康方面完全没有问题，不过对亚硫酸过敏的人除外。

最近也出现了不添加亚硫酸的"无添加葡萄酒"，不过容易酸化成为了难以攻破的难题。

→ 严格

有机农法

鲁道夫·斯坦纳提倡的一种有机栽培法。该农法要结合月亮和行星的运行来从事农田作业，通过独创的方法论，尽可能发挥土壤和葡萄树原有的能量。

在日本，亚硫酸的添加情况是要标记出来的。如照片所示，"含有酸化防止剂（亚硫酸盐）"标记在葡萄酒的背面标签等处。

何谓"MLF（香气发酵）"

A 在乳酸菌的作用下，将葡萄酒中的苹果酸转变成乳酸进行发酵的过程。风味变得饱满的同时，在微生物的辅助下，葡萄酒变得更加稳定。

在乳酸菌的作用下，将葡萄酒中的苹果酸转变成乳酸和二氧化碳的过程，称为MLF（Malolactic Fermentation，香气发酵）。葡萄酒中的苹果酸清爽的同时，酸气逼人。产地越往北，葡萄酒中的苹果酸量越大，而乳酸酸气柔和。此外，在产生的二氧化碳作用下，酸量降低，通过MLF，酸味变得稳定、饱满。同时，MLF的副产物将会赋予葡萄酒黄油般的风味，也使酒质更加复杂化。

苹果酸也会与单宁相混（强调浓缩味），因此几乎所有的红葡萄酒都要进行MLF。而白葡萄酒，则要根据类型和设计来决定是否进行MLF，如果进行，应进行到何种程度，是期望产生酸味清爽逼人的新鲜果实味，还是饱满浓厚的味道。MLF过程的有无导致了两种酸气的平衡性，进而造成葡萄酒的个性发生变化。

乳酸菌是自然界普遍存在的一种菌类，MLF在温度等条件达到一定范围之内时自然发生。而葡萄酒的酸度在高于一定标准，或者温度下降至10℃左右时，再添加亚硫酸的话，会抑制MLF的进行。此外，封瓶后，应避免无必要的MLF发生。从微生物学的角度上讲，这是为了保持葡萄酒的稳定。

〈**实施MLF**〉

的葡萄酒

味道饱满，具有使用酒樽熟成的厚重感。除了博若莱新酒，几乎所有的红葡萄酒都要进行MLF。除了夏布利，勃艮第的上等白葡萄酒也要进行MLF。注意饮用前不要过度冷藏。

〈**不实施MLF**〉

的葡萄酒

味道清爽水灵，其果味新鲜自然。寒冷产地较多，譬如德国葡萄酒、麝香葡萄酒、桑塞尔等。推荐充分冷藏之后饮用。

● **通过MLF打造的效果**

①葡萄酒酸味变得稳定、柔和。

②酒质复杂性加强、风味芳醇。

③从微生物学上讲，葡萄酒更加稳定（封瓶后，应避免无必要的MLF的发生）。

不锈钢大桶发酵、熟成与
木酒樽发酵、熟成的差异在哪里

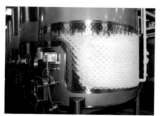

不锈钢储存（熟成）大桶。温度易于调节，卫生易于管理，多数用于打造清爽且果味香浓的白葡萄酒等。

发酵槽主要分为不锈钢大桶（也包括混凝土大桶）和木酒樽，如今最普遍的不锈钢大桶通气性强、易于控制温度，进一步讲，易于清洁，耐久性强，所以在卫生管理和经济性能方面具有优越性。

A 不锈钢大桶和木酒樽的主要区别在于透气性和温度控制难易的不同。橡木酒樽赋予了葡萄酒酒樽材质固有的风味，使葡萄酒的风味更加复杂化。

在进行发酵时，温度控制是非常重要的，不锈钢大桶可以通过调节大桶内部和周围的冷水或温水以达到最佳温度。此外，对于重视新鲜果实风味的葡萄酒，因其应尽量避免酸化，故多数在不锈钢大桶内进行发酵。

木酒樽的特征是具有通气性，同时可以不断供给葡萄酒微量氧气。在发酵、熟成的过程中，急速酸化会导致葡萄酒品质的下降，但对于核心味道浓烈的葡萄酒来讲，一定期间内，与微量氧气接触会使风味更佳。此外，木酒樽的另一特征是在熟成的过程中，会赋予葡萄酒酒樽材质固有的风味。尤其是与葡萄酒接触面积比例大、容量小且崭新的木酒樽，会使葡萄酒的香气和味道更加复杂，意蕴更加深刻。

在使用小酒樽进行葡萄酒发酵时，发酵过程中酵母会代谢出木质的香气，并使这种香气沁入葡萄酒之中，打造出了佳酿。

波尔多地区，圣朱利安村拉格喜庄园的酒樽熟成库。在波尔多熟成过程中，多使用容量为225L 的"巴利克"小酒樽。

Q
熟成酒樽种类的差异带给
葡萄酒哪些不同

A 酒樽熟成带给葡萄酒的影响决定于酒樽的大小、新旧以及酒樽材质（橡木的种类）等。根据葡萄酒的类型和设计，使用不同的酒樽。

　　熟成过程中，酒樽赋予葡萄酒的作用有二，其一是通过木头纹理，不断供给微量氧气，这将促进葡萄酒的酸化熟成。过度的酸味会削弱葡萄酒的风味，但适度的酸化使单宁更加柔和。尤其是成分复杂的未熟成葡萄酒，适度的酸化会使味道变得饱满柔和。对葡萄酒的氧气供给量，跟酒樽的表面积成反比，即酒樽越大，供给量越小，酸化的影响越小。以新鲜水灵为特征的葡萄酒，均是利用传统大酒樽熟成的，例如德国葡萄酒和传统夏布利等。

大酒樽和小酒樽的差异

● 大酒樽

容量300~600L的是中酒樽，容量在其以上的是大酒樽，基本上是固定型（必然成为旧酒樽）。德国摩泽尔地区的"福达"大桶容量达1000L。大酒樽的使用不以附着酒樽香气为目的，而是试图达到长期缓慢的酸化熟成。

● 小酒樽

具有代表性的有波尔多地区的"巴利克"容量255L，勃艮第的"皮埃斯"容量228L。葡萄酒与酒樽接触面积越大，越能充分提取酒樽材质的风味，使味道更加复杂。酸化熟成也会产生饱满的口感。

新酒樽和旧酒樽的差异

● 新酒樽

新酒樽木香浓烈，赋予了葡萄酒更加强劲的风味。然而，新酒樽香气过于浓烈，会使酒质变弱。应根据葡萄品种和期望口味调整使用比例和时间。

● 旧酒樽

已储存葡萄酒1次以上的酒樽。提取的酒樽香气当然比新酒樽少，因此常用于不需要多余酒樽香气的葡萄酒或香气稳定的葡萄酒等。旧酒樽具有适度的酸化熟成效果。

酒樽材质的差异
（橡木的种类）

● 法国橡木

在法国，"阿里埃鲁"和"特兰雪"的无叶柄科橡木非常知名，用其做成的酒樽赋予了葡萄酒纤细且魅力十足的酒樽香气。单宁使酒质更加强劲，香草的香气感也十分浓烈。

● 美国橡木

美国产的白色橡木制成的酒樽。赋予葡萄酒椰子和牛奶糖般甘甜的香气。其与西班牙·里奥哈的丹魄等相得益彰。

法国勃艮第地区酿造厂的酒樽熟成库。

其二是将酒樽材质固有的风味提供给葡萄酒，即赋予酒樽香气。橡木通常被用于制作酒樽，其外皮的香兰素和单宁等各种香味成分将使葡萄酒的香气和口味更加复杂。此时与第一个作用同样，酒樽越大，与葡萄酒的接触面积越小，酒樽香难以起作用。所以酒樽越小，酒樽香的影响越大。

此外，酒樽越新，成分提取的影响越大。风味成分的影响在3~5年便会消失，但酒樽香的强弱是由酒质、果味等其他风味的平衡度决定的，并非新酒樽就好。有的酿造者也会将旧酒樽使用得非常得心应手。

酒樽赋予的香味有香草、椰子牛奶、辛辣、坚果、烤肉、咖啡、巧克力味等。该香味由酒樽材质的种类以及酒樽的"熏烤程度"决定。在酒樽制作的时候，要对内侧进行适度烘烤，其程度称为"熏烤程度"。通过熏烤，成分更容易被提取。橡木的种类，大致可分为法国橡木和美国橡木。法国橡木具有淡淡的辛辣香草香气，而美国橡木的香气宛如椰子般甘甜。

熏烤程度的差异

在酒樽制作的时候，要对内侧进行适度烘烤，其过程称为"熏烤"。根据熏烤程度的强弱，葡萄酒的风味存在巨大差异。

弱 弱烤
香草的甘甜香气和微微的辛辣味

中烤
坚果、摩卡咖啡、巧克力味

强烤
咖啡、雪茄烟、熏制的香气
强

Q

进行"限制收获量"和 "晚摘"的理由是什么

A 限制收获量，是为了提高一串葡萄的所含成分量，以此得到味道浓厚的葡萄。晚摘，是通过贵腐化等途径，得到糖度更高的葡萄。

在葡萄酒酿制时，得到风味浓缩的葡萄酒是首位。其方法之一便是"限制收获量"。一般情况下，过度提高单位面积上葡萄的收获量，葡萄会变得淡而无味。相反，控制收获量，葡萄风味将变得强劲浓缩。其方法有二，一是通过冬季的修剪减少新梢的芽数；二是在葡萄着色的时候，间隔摘掉未熟成的葡萄串。两种方法均可以减少一棵树上的葡萄串数，从而提高葡萄的所含成分量。

还有一点比较重要的是看准收获时期。随着熟成的进行，葡萄的酸量降低、糖度提高。此外，香气成分和单宁也在逐渐熟成。根据其平衡度来决定收获的时期。关于"晚摘"，主要是针对甘甜口味的葡萄酒，通过贵腐化提高糖度，并且等待其他要素成熟时再进行收获。不过该情况下，也要重视酸度的残留。

限制收获量

减少一棵树上的葡萄串数，以此提高一串葡萄的成分摄入量。最终以收获风味更加浓缩的葡萄为目的。既可以通过冬季的修剪调整新梢的芽数，也可以间隔摘掉未熟成的葡萄串。

手摘、挑选

为了提高品质，通过挑选去除不良果实也是非常重要的。手摘需要花费一定工夫，但葡萄不易受伤，此外，还能去除未熟果实和发霉果实。高级葡萄酒一般采取手摘方式。

晚摘

主要在酿制甘甜葡萄酒时，通过贵腐化，充分提高葡萄的糖度，之后再进行收获。在酿制辛辣口味葡萄酒时，酸味的充分残留也是非常重要的。当然，晚摘伴随着收获风险，所以比较少见。

被葡萄根瘤蚜侵害之后，葡萄树分为砧木和接枝两段。图中是嫁接接合部分的样子。

Q 什么是"葡萄根瘤蚜"

19世纪后半叶，该寄生虫从美国侵入欧洲，对欧洲葡萄田进行了毁灭性破坏。它属于蚜虫的一种，体长1mm左右，寄生在葡萄根部，数年来吃枯了所有葡萄树。欧洲系品种对该虫无抵抗性，所以逐渐采用具有抵抗性的美国系品种作为砧木。如今，几乎所有的葡萄树的根部，均是美国系品种的砧木，上一段再用欧洲系品种进行嫁接。现在，砧木也被改良成各种品种。嫁接的优点在于，可以结合种植土地的各种土壤，选择相匹配的砧木。

A 曾经，整个欧洲的葡萄都受到该种寄生虫毁灭性的破坏。由于该虫啃食欧洲种葡萄的根部，如今的葡萄树采用抗性强的美国系品种作为砧木。

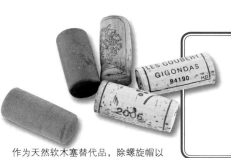

作为天然软木塞替代品，除螺旋帽以外还有将软木塞固定而成的工艺软木塞、塑料制软木塞等，种类繁多。

Q "螺旋帽"和 "软木塞"的区别

用于葡萄酒的软木塞是具得天独厚密封性的天然素材，然而问题在于它偶尔会产生"软木塞味"这种怪味（参见P196）。劣质软木塞导致的霉臭味，会断送优质葡萄酒的前程，其发生比例为2%~3%。为了避免这种软木塞味，取而代之的是各种代替栓，最具代表性的便是螺旋帽。它的类型与营养饮料瓶等一样，开封转动之后便可以打开。其优点在于没有软木塞味，密封性强，但缺少长期熟成的有益性以及高级感。从这点来看，人们对这种螺旋帽褒贬不一。

A 螺旋帽等代替栓备受关注的理由在于，它可以避免天然软木塞偶尔产生的"软木塞味"这种异味。

Q

表示葡萄酒缺陷的
怪味包括哪些

A 容易出现的怪味，包括软木塞味、还原味、酸化味、腐败酵母味等。其程度水平各不相同，但是它们均会掩盖原有的香气。

耳熟能详的"软木塞味"，人们通常形容为"就像潮湿的瓦楞纸板上长了霉一样"。在打开葡萄酒时，可以通过闻软木塞与葡萄酒接触表面的味道来确认那是一种什么样的味道。究其产生的根本原因，是在软木塞里繁殖的霉菌将在软木塞制作时残留在上面的漂白剂和杀虫剂中的氯气转变成了化学物质TCA。

被认为是葡萄酒缺点的怪味还包括还原味、酸化味、腐败酵母味等。它们的气味强弱不同，在一定范围内是可被允许的。其共同点在于，它们会掩盖葡萄酒原有的丰富香气。当品尝的葡萄酒完全没有香味时，那么就可以考虑这葡萄酒是否已经产生了以上列举的怪味。此外，由于怪味的挥发性很强，品尝时可以通过最初飘出的香气加以辨认。

大概地讲，还原味的特征具有硫黄温泉般的气味，酸化味具有褐变后苹果的气味和苹果酒的气味，腐败酵母味通常被比喻为橡胶管和马棚的味道。

还原味

被比喻成"硫黄温泉"的气味和烫过的花茎、甘蓝等蔬菜后的香气。在长期熟成葡萄酒的过程中，该气味在一定范围内是允许的。倘若是普通的还原味，通过醒酒等与空气接触的方式可以消除该气味。

酸化味

经常被比喻成"雪利酒般香气"（既然是雪利酒味道当然比较芳香）。它可以表示由于过度的空气接触导致原有的香气劣化。当其与乙酸菌结合时，会形成西洋醋和黏合剂般刺激性气味。

腐败酵母味

该味道在南部产地的红葡萄酒最为常见，被称为"马棚味"。在一定范围内，它可使气味更加复杂。欠缺卫生管理的旧酒樽内的酒香酵母受污染是其产生的原因。

软木塞味

该刺鼻性气味形容为"就像潮湿的瓦楞纸板上长了霉一样"。在制作软木塞时漂白剂残留的氯气与霉菌相互反应，产生了该气味。该气味发生率占全体葡萄酒的2%~3%，是一种十足的缺陷味。

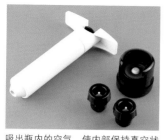

吸出瓶内的空气，使内部保持真空状态的泵和配套的专用栓。大的栓用于起泡葡萄酒。在葡萄酒商店等处可方便买到。

Q 喝剩的葡萄酒如何保存

葡萄酒与空气接触后会发生酸化，因此在保存时，应尽可能避免与空气接触。倘若是未熟成、强劲有力的葡萄酒，可以拧上瓶栓，保存2~3日是完全没有问题的。由于酸化速度在低温下进展较慢，最好放入冰箱内进行保存。如果需要保存更长时间，则要抽出瓶内的空气。在这里，推荐的方法之一是，准备一个原瓶身四分之一大小的空瓶，将葡萄酒移至该瓶内，在漫过瓶口时封帽，这样就能避免与空气之间的接触。另外，葡萄酒商店等处会配套售卖空气吸出泵和栓。

A 倘若是未熟成、强劲有力的葡萄酒，可以拧上瓶栓，放入冰箱里保存 2~3 日是完全没有问题的。除此之外，就需要花费工夫尽可能避免与空气接触了。

Q 倒葡萄酒的人，应该是男性，还是女性

在日本宴席上，无论是啤酒，还是日本酒，都有女性给男性斟酒的情况。但在葡萄酒上，该情况是不可行的，男性给女性斟酒是礼仪。当餐桌上有数人时，按女士优先、主人最后的顺序倒酒。接酒一方，不需拿着酒杯，只要将其放在餐桌上即可。此外，因为在餐厅有工作人员倒酒，所以不需自己斟酒（特别随意的酒店除外）。

A 男性倒葡萄酒是礼仪。接酒一方，只要把酒杯放在餐桌上即可。

将葡萄酒瓶横放保存是为了使葡萄酒的液面与软木塞接触，使其不干燥。软木塞一旦干燥，就会在瓶口处产生微小的间隙，难以保持密封性。该做法可以防止葡萄酒酸化。因此，螺旋帽葡萄酒瓶可以立放保存。值得一提的是，有沉淀物的陈年葡萄酒为了沉淀，应在开启瓶塞前立放数日。

Q 为什么将葡萄酒瓶横放保存

A 为了保持软木塞不干燥。

Q 倒酒时，多少分量恰到好处

A 葡萄酒酒杯酒窝高度的三分之一量是标准。

并没有固定的要求。通常情况下，葡萄酒酒杯的酒窝高度的三分之一左右是一个标准线。酒杯内应留有足够的空间保持充裕的酒气，视觉上也更有美感。此外，当给数人斟酒时，应该为每个人依次少量进行多次斟酒。其原因在于酒瓶底部和上部存在着味道浓淡的差异。

可能有很多人认为陈年葡萄酒就是高级优质葡萄酒。确实，经过长年累月的熟成，会有不少高级葡萄酒。然而如今多数葡萄酒的打造都是基于数年之内饮用完毕的构想而实施的。未熟成葡萄酒强劲有力的口味亦充满魅力，新鲜果香的魅力也在尽快饮用中才能发掘。了解葡萄酒固有的特色，不要错失最佳饮用时机是十分重要的。

Q 陈年葡萄酒就是优质葡萄酒吗

A 根据葡萄酒的差异，在合适的饮酒时期饮用是十分重要的。

第五章　推荐葡萄酒名录

君岛严格精选的169瓶葡萄酒

目录特征与解读方法

[符号的解读方法]

① 按照场合区分的范畴标示

根据该天的心情和场合，作为一个选择参考！

日常	→适合于日常餐桌等饮用。
个性享受	→充分享受产地和酿造者的个性。
珍藏	→在纪念日和高档场合饮用。

② 葡萄酒的类型标示

● 葡萄酒种类

红 ＝红葡萄酒　　白 ＝白葡萄酒　　玫瑰红 ＝玫瑰红葡萄酒

泡 ＝起泡葡萄酒　　强 ＝酒精强化葡萄酒

● 红葡萄酒酒体

重　偏重　偏轻 3种

● 白葡萄酒的口感

辛辣　微辣　微甜　甘甜　极甜 5种

[葡萄酒名称的标记]

※ 关于葡萄酒名称，"/"前面是葡萄酒名称，后面是生产者名称。

[价格]

※ 价格是经销商期望零售价格或店面参考价格（货币单位为日元，包含消费税）。收获年份和价格：尽可能是正在销售的葡萄酒情况。价格有可能发生变动。

布朗山坡法尔发贵妇人葡萄酒/法尔发庄园

Côes de Bourg Les Demoiselles de Falfas / Châeau Falfas

日常

红　偏重

法尔发庄园作为波尔多有机栽培的先驱，受到高度评价。单宁与果味均衡，口感柔和。由酿造者爱女设计的标签也非常迷人。

Data
产地	布朗山坡
品种	梅尔诺80%、赤霞珠20%
收获年份	2005
参考价格	￥2600

忘忧堡副牌葡萄酒

L'Heritage de Chasse-Spleen

日常

红　偏重

该副牌葡萄酒来自与宝捷、摩卡优并称"慕里斯三宝"的忘忧堡。正如庄名"忘忧"，该酒味道清新宜人，可谓是古典的梅多克类型。

Data
产地	梅多克产区
品种	赤霞珠、梅尔诺、小味而多
收获年份	2002
参考价格	￥2400左右

宝捷庄园红葡萄酒

Château Poujeaux

个性享受

红　重

该庄园位于梅多克产区的慕里斯，由实力强大的酿造者打造而成，葡萄酒风格堪称该村的典型。由传统酿造法酿制的该酒，虽是中等级别，但在同等级别中受到很高的评价。

Data
产地	梅多克产区慕里斯
品种	赤霞珠、梅尔诺、小味而多
收获年份	1998
参考价格	￥5240

柏菲露丝庄园红葡萄酒

Château Paveil de Luze

个性享受

红　偏重

具有露丝僧院风的魅力庄园，由杰弗里·露丝男爵和他的3个孩子共同经营。在纤细优美的玛歌风中，魅力洋溢的个性化中级葡萄酒。

Data
产地	梅多克产区玛歌
品种	赤霞珠、梅尔诺
收获年份	2003
参考价格	￥4357

靓茨伯庄园葡萄酒
Chateau Lynch Bages

珍藏

红　重

该实力派庄园虽是5级庄园，但实力可以与1级相媲美。在得天独厚的吉龙德河沿岸，拥有90ha葡萄田，酿制而成的强劲有力葡萄酒具有浓缩复杂的果香。

Data

产地／梅多克产区菩依乐

品种／赤霞珠、品丽珠、梅尔诺、小味而多

收获年份／2003

参考价格／￥14700

小碧尚巴雄副牌葡萄酒／碧尚巴雄庄园
Les Tourelles de Longueville / Château Pichon-Longueville Baron

个性享受

红　重

生产大量顶级红葡萄酒而闻名遐迩的菩依乐村，有这样一个庄园——碧尚巴雄庄园，它自20世纪80年代后半叶以突飞猛进的速度发展而备受关注，该副牌葡萄酒便来自于该庄园，其口感丰富、香味芳醇，值得一尝。

Data

产地／梅多克产区菩依乐

品种／赤霞珠、梅尔诺、品丽珠

收获年份／2003

参考价格／￥6825

哥斯兰迪庄园葡萄酒／埃利特·尼古拉斯
Chateau La Conseillante / Heritiers L. Nicolas

珍藏

红　重

哥斯兰迪庄园是自1871年由尼古拉斯家族代代相传的名门庄园。其葡萄田位于所在产区与圣艾米隆的交界处。承蒙豪华奢侈的风土条件的恩赐，打造的葡萄酒优美且香气浓郁。

Data

产地／庞马洛产区

品种／梅尔诺、品丽珠

收获年份／2002

参考价格／￥19110

飞卓庄园葡萄酒
Château Figeac

珍藏

红　重

该庄园是圣艾米隆最古老的名门庄园，拥有者是2世纪的罗马贵族飞卓家族。该酒是同地区珍藏品种，由赤霞珠等混制而成，味道优雅柔和，构成复杂。

Data

产地／圣艾米隆产区

品种／品丽珠、赤霞珠、梅尔诺

收获年份／2003

参考价格／￥15750

菲利普·华根诺葡萄酒
Philippe Raguenot

日常

白   辛辣

布雷山坡位于吉龙德河右岸，正好与梅多克相对。该白葡萄酒产自布雷第一丘原产地，长相思的清爽香气宜人，口感洒脱。

Data
产地 / 布雷第一丘原产地
品种 / 以长相思为主体
收获年份 / 2005

柏勒芙古堡葡萄酒
Château La Rose Bellevue

日常

白   辛辣

柏勒芙古堡位于自波尔多向北50km左右处。从吉隆德河俯视眺望，44ha的葡萄田中，仅有5ha栽培着白葡萄酒专用品种。该白葡萄酒完美地表现着纤细的果香，魅力十足。

Data
产地 / 布雷第一丘原产地
品种 / 长相思、慕斯卡德
收获年份 / 2006
参考价格 / ￥2100

拉维红颜容庄园葡萄酒
Château Laville Haut Brion

珍藏

白   辛辣

该庄园位于从格拉夫产区独立出来的AOC碧莎里奥南产区。红颜容庄园的主人狄龙家族，以年平均生产量1000盒装的速度打造着稀有白葡萄酒。

Data
产地 / 格拉夫产区碧莎里奥南
品种 / 赛美蓉、长相思、
　　　慕斯卡德
收获年份 / 1989

力关庄园白葡萄酒/力关庄园
Les Arums de Lagrange / Château Lagrange

个性享受

白   辛辣

该庄园始于中世纪，在19世纪80年代迎来黄金期后开始衰落。1983年被三得利购买后开始复兴。以盛开白花的力关池命名的该庄园，生产少量优质白葡萄酒。

Data
产地 / 波尔多地区（圣朱利安）
品种 / 长相思、赛美蓉、
　　　慕斯卡德
收获年份 / 2006
参考价格 / ￥4357

风磨坊库鲁古堡珍藏葡萄酒/ 蒙梅森庄园

Moulin-a-Vent/Réerve du Domaine de Champ de Cour / Domaines Mommessin

个性享受

红　偏重

勃艮第特级庄园中，风磨坊酿制的葡萄酒陈年持久力最强。该葡萄酒仅使用风磨坊最高级葡萄田之一——库鲁古堡的精选葡萄，需要9个月进行熟成，属于限制生产的奢侈品。

Data

产地 / 博若莱产区风磨坊	
品种 / 佳美	
收获年份 / 2005	
参考价格 / ￥3367	

博若莱考塞古堡葡萄酒/ 皮埃尔和保罗·迪鲁代

Beaujolais"Les Grandes Coasses" / Pierre et Paul Durdilly

日常

红　偏轻

使用在个性迥异的葡萄田栽培的佳美。酿造者迪鲁代和知名鉴酒师皮埃尔·贝赞共同合作打造而成。该葡萄酒宛如黑皮诺般优雅高档。

Data

产地 / 博若莱产区	
品种 / 佳美	
收获年份 / 2005	
参考价格 / ￥1155	

伯恩库拉特级葡萄酒/ 卡米勒·吉罗德庄园

Beaune Premier Cru Les Cras / Domaine Camille Giroud

个性享受

红　重

庄园的拥有者杰克·杰鲁曼堪称伯恩街的代表性酿造商。该奢侈红葡萄酒使用该庄园顶级葡萄田——库拉的葡萄，由勃艮第屈指可数的酒商使用传统手法打造而成。

Data

产地 / 伯恩丘产区伯恩	
品种 / 黑皮诺	
收获年份 / 1999	
参考价格 / ￥5880	

上夜丘葡萄酒/米歇尔·格罗庄园

Hautes Côes de Nuits / Domaine Michel Gros

个性享受

红　偏重

该葡萄酒由在沃恩·罗曼尼代代相传的知名酿造之家——格罗家族的长男米歇尔·格罗打造而成，酒体适中、甘甜优美。通过高温发酵的传统手法，葡萄的美妙质感得到最大限度的发挥。

Data

产地 / 上夜丘产区	
品种 / 黑皮诺	
收获年份 / 2002	
参考价格 / ￥3465	

夜·圣乔治马黑夏尔一级庄园红葡萄酒 / 木尼艾庄园

Nuits-Saint-Georges Premier Cru Clos de la Marechale / Domaine Jacques-Frederic Mugnier

珍藏
红　重

该葡萄酒由夜·圣乔治代表性一级葡萄田的葡萄打造而成，核心味道浓厚、口味纤细。它是香波·慕西尼村名家——优良庄园木尼艾亲手酿制的自然派葡萄酒。

Data

产地 / 夜丘产区夜·圣乔治	
品种 / 黑皮诺	
收获年份 / 2004	
参考价格 / ￥10500	

沃恩·罗曼尼葡萄酒 / 弗兰克斯·戈勃特庄园

Vosne-Romané / Domaine Françis Gerbet

珍藏
红　偏重

1983年，沃恩·罗曼尼初位女性葡萄栽培学家——戈勃特姐妹从父亲弗兰克斯·戈勃特那里继承该庄园。该葡萄酒具有优雅的香气和丝绸般柔滑口感，属于勃艮第的古典类型。

Data

产地 / 夜丘产区沃恩·罗曼尼	
品种 / 黑皮诺	
收获年份 / 2005	
参考价格 / ￥6300	

弗马家族阿里高特白葡萄酒 / 佳叶·吉尔庄园

Bourgogne Aligot / Jayer-Gilles

个性享受
白　辛辣

堪称上丘第一人的佳叶·吉尔打造的阿里高特。由树龄70年以上葡萄树生长的葡萄酿制，且需要在新酒樽内进行100%熟成。其强烈的酸味与酒樽香和果香完美结合，颠覆了阿里高特原有的印象，十分优雅。

Data

产地 / 夜丘产区	
品种 / 阿里高特	
收获年份 / 2005	
参考价格 / ￥3360	

香柏·木西尼葡萄酒 / 风行康特乔治庄园

Chanbolle-Musigny / Domaine Comte Georges de Vogé

珍藏
红　重

香柏·木西尼村的代表性庄园——风行康特乔治庄园打造的美酒，堪称勃艮第最纤细、最女性化的稀有红葡萄酒。其浓缩的果味悠长、饱满而又优雅。

Data

产地 / 夜丘产区香柏·木西尼	
品种 / 黑皮诺	
收获年份 / 2004	

松特内纳罗兹白葡萄酒 / Y.C. 共达·格兰奇

Santenay Saint Jean de Narosse / Y. et C. Contat-Grang

个性享受

白　辛辣

该庄园位于伯恩丘南端的AOC马宏吉。葡萄田不使用任何化学肥料和除草剂等，发酵过程也仅使用天然酵母。该酒可谓是大地的恩赐，芳香醇厚。

Data

产地	伯恩丘产区松特内
品种	霞多丽
收获年份	2004
参考价格	￥3472

勃艮第皮尔一级庄园葡萄酒/ 西蒙贝茨庄园

Bourgogne "Les Perrieres" / Domaine Simon Bize et Fils

个性享受

白　辛辣

该庄园是萨维尼村代表性庄园，由帕特里克·贝茨携妻子共同经营。它拥有风土条件迥异的多区域葡萄田，打造的葡萄酒富于变化，红、白葡萄酒皆受到高度评价。

Data

产地	伯恩丘产区萨维尼
品种	霞多丽
收获年份	2005
参考价格	￥4200

梅索白葡萄酒/阿诺德·安特庄园

Meursaut/Domaine Arnaud Ente

个性享受

白　辛辣

作为被"白葡萄酒之神"科什杜瑞唯一认可的酿造商，阿诺德·安特庄园正受到全世界葡萄酒爱好家的瞩目。该酒味道甜美，宛如蜂蜜一般，与华丽的酸气相交织，形成纤细的味道，堪称上品。

Data

产地	伯恩丘产区梅索
品种	霞多丽
收获年份	2003
参考价格	￥11550

夏布利老藤白葡萄酒/白宫庄园

Chablis Vieilles Vignes / Domaine de Maison Blanche

个性享受

白　辛辣

该庄园自1815年创建以来，所打造的葡萄酒一直非常重视自然风土条件及原料。葡萄田面向南、东南方向，属于泥灰岩质Kimmeridgien（一种侏罗纪晚期岩层）。因此所酿制的葡萄酒酸味和矿物质完美结合，纯净而均衡，极其新鲜美味。

Data

产地	夏布利产区
品种	霞多丽
收获年份	2006
参考价格	￥4032

温莎堡城堡干红葡萄酒 / 佩兰父子庄园

Côes du Rhôe Villages Vinsobres / Perrin & Fils

日常

红 | 重

酿制者堪称罗纳有机农法的先驱。该葡萄酒具有红果实和甘草般香气，味道强劲有力且优雅，口感柔滑，体现着罗纳寒冷地区的新鲜感。

Data

产地 / 罗纳山坡产区
品种 / 西拉、格连纳什
收获年份 / 2005
参考价格 / ￥2850

吉冈达葡萄酒 / 古贝尔庄园

Gigondas / Domaine Les Goubert

个性享受

红 | 重

创办于4世纪左右，具有悠久历史的吉冈达老字号，如今在罗纳河谷拥有21ha宽广葡萄田。该高档葡萄酒利用有机农法和低收获量，通过浓缩的果汁打造而成，堪称吉冈达最高峰。

Data

产地 / 吉冈达
品种 / 格连纳什、西拉、 　　　慕合怀德、神索
收获年份 / 2004
参考价格 / ￥3780

罗纳河谷索莫隆古葡萄酒 / 安德鲁·布雷庄园

Côes du Rhôe Cuvée Sommelongue / Domaine Andr Brunel

日常

红 | 偏重

该酒由教皇新城堡最优秀生产者——安德鲁·布雷打造而成。熟成的果味、柔和的核心味道和丰富的矿物质感，令人心旷神怡。性价比极高。

Data

产地 / 罗纳河谷
品种 / 格连纳什、西拉
收获年份 / 2005
参考价格 / ￥1700左右

格鲁兹·赫米塔治红葡萄酒 / 帕比蓉·梅鲁洛庄园

Croze Hermitage / Domaine du Pavillon-Mercurol

个性享受

红 | 重

该庄园设立于1983年，创立者帕比蓉·梅鲁洛长期向Paul Jabouletaine公司供给葡萄酒，如今作为格鲁兹·赫米塔治的优良生产者，受到高度评价。该葡萄酒采用有机农法栽培的葡萄、无添加SO_2，属于纯自然派。

Data

产地 / 格鲁兹·赫米塔治
品种 / 西拉
收获年份 / 2005
参考价格 / ￥2940

科纳斯葡萄酒 / 玉旒庄园

Cornas / Domaine Auguste Clape

珍藏

红　重

该庄园拥有250年的历史，至今仍向世人传递着科纳斯的精髓。在日照条件得天独厚的斜坡田上，种植着树龄近100年的葡萄。该葡萄酒在阿尔萨斯旧酒樽里熟成18~24个月后，进行无过滤封瓶，属于长期熟成的类型。

Data

产地 /	圣约瑟夫
品种 /	西拉
收获年份 /	2002
参考价格 /	￥8148

圣约瑟夫红葡萄酒 / 蒙特埃庄园

Saint-Joseph Cuvée Papy Rouge / Domeine du Monteillet

个性享受

红　重

该家族经营者在孔德里约和圣约瑟夫以生产优质葡萄酒著称。自1999年，现庄园主人史蒂芬·蒙特在经历海外研修后，采取新的设备和手法酿制葡萄酒。该庄园是值得关注的庄园之一。

Data

产地 /	圣约瑟夫
品种 /	西拉
收获年份 /	2002
参考价格 /	￥4452

罗纳河谷 "V" 葡萄酒 / 古贝尔庄园

Côes du Rhône Cuvée de "V" / Domeine Les Goubert

个性享受

白　辛辣

由吉冈达屈指可数的实力老字号打造而成的罗纳河谷白葡萄酒，使用100%熟成的维奥涅尔，饱满光滑、芳气洋溢。

Data

产地 /	罗纳河谷
品种 /	维奥涅尔
收获年份 /	2005
参考价格 /	￥3612

罗纳村凯兰尼葡萄酒 / 奥堪斯庄园

Côes du Rhôe Villages Cairanne / Domeine Les Hautes Cances

日常

白　辛辣

庄园所在地凯兰尼位于伯贵寺西北部，承蒙法国南部特有气象条件的恩赐，栽培的葡萄非常优质。该稀有白葡萄酒年生产量仅500瓶，新鲜又具华丽果香。

Data

产地 /	罗纳村产区
品种 /	克拉利特、布鲁布雷克、白格连纳什
收获年份 /	2005
参考价格 /	￥2604

圣约瑟夫白葡萄酒 / 蒙特埃庄园
Saint-Joseph / Domaine du Monteillet

个性享受

白　辛辣

该村名葡萄酒由庄园夫妻经营者的儿子史蒂芬打造，他是一名在日本也备受关注的年轻酿造家。该葡萄酒采用平均树龄20年的玛珊，在橡木旧酒樽和不锈钢酒樽各进行50%的熟成，各熟成10~12个月。

Data
产地 / 圣约瑟夫	
品种 / 玛珊	
收获年份 / 2002	
参考价格 / ￥3780	

圣佩雷葡萄酒 / 玉旒庄园
Saint-Péray / Domaine Auguste Clape

个性享受

白　辛辣

老字号玉旒庄园在圣佩雷村的葡萄田仅0.25ha，平均树龄在40年左右。在芳醇的白葡萄酒中，玛珊的个性得到充分展示，年生产量仅1200瓶。

Data
产地 / 圣佩雷	
品种 / 玛珊	
收获年份 / 2003	
参考价格 / ￥3780	

迷你知识　　勃艮第地区

科多尔省的 特级田

※ ●表示红葡萄酒特级田，○表示白葡萄酒特级田
※ （一部分）表示该葡萄田跨2个以上村落。

夜丘 24块葡萄田　**24**

哲维瑞·香贝丹村
- ●Mazis-Chambertin
- ●Ruchottes- Chambertin
- ●Chambertin-Clos de Bèze
- ●Chambertin
- ●Chapelle-Chambertin
- ●Griotte-Chambertin
- ●Charmes-Chambertin
- ●Mazoyères-Chambertin
- ●Latricieres-Chambertin

摩黑·圣丹尼村
- ●Clos de la roche
- ●Clos Saint Denis

- ●Clos des Lambrays
- ●Clos de Tart
- ●Bonnes-Mares

香波·蜜思妮村
- ●Bonnes-Mares（一部分）
- ●○Musigny

梧玖村
- ●Clos de Vougeot

伏拉爵·艾雪索村
- ●Echézeaux
- ●Grands- Echézeaux

沃恩·罗曼尼村
- ●La GrandeRue
- ●Richebourg
- ●La Romanée
- ●Romanée-Conti
- ●Romanée-Saint-Vivant
- ●La Tache

伯恩丘 8块葡萄田　**8**

佩南·维哲雷斯村
- ●Corton（一部分）
- ○Corton-Charlmagne（一部分）
- ○Charlmagne（一部分）

阿罗斯·高登村
- ●○Corton（一部分）
- ○Corton-Charlmagne（一部分）
- ○Charlmagne（一部分）

拉都瓦村
- ●○Corton（一部分）
- ○Corton-Charlmagne（一部分）

普里尼·蒙哈榭村
- ○Montrachet（一部分）
- ○Batard- Montrachet（一部分）
- ○Chevalier- Montrachet
- ○Bienvenues-Batard- Montrachet

夏山·蒙哈榭村
- ○Montrachet（一部分）
- ○Batard- Montrachet（一部分）
- ○Criots- Batard- Montrachet

阿尔萨斯修罗斯贝鲁克威士莲白葡萄酒/溪园酒庄

Alsace Riesling Grand Cru Schlossberg / Domaine Weinbach

个性享受

白　微辣

该酒由3名女性打造，具有自然的果味和纤细的风味。修罗斯贝鲁克是阿尔萨斯最知名的特级葡萄田，其采取有机栽培，手工采摘收获。葡萄酒在橡木旧酒樽中悠然发酵，具有复杂感和深厚感。

Data

产地 / 阿尔萨斯	
品种 / 琼瑶浆	
收获年份 / 2005	

阿尔萨斯温思翰白葡萄酒/辛特鸿布列什酒庄

Alsace Gewürztraminer Wintzenheim / Domaine Zind Humbrecht

个性享受

白　微辣

该酒庄的经营者奥利弗·辛特鸿布列什是取得酿酒师资格的法国第一人。该酒使用有机农法栽培的阿尔萨斯代表品种琼瑶浆，果味浓缩，堪称上品。

Data

产地 / 阿尔萨斯	
品种 / 琼瑶浆	
收获年份 / 2005	
参考价格 / ￥5250	

阿尔萨斯皮埃尔·安东尼葡萄酒/博吉尔庄园

Alsace Riesling Vendanges Tardives Cuvée Pierre-Antoine / Domaine Bott-Geyl

个性享受

白　微辣

1993年继承庄园的约翰克里司朵夫·波特，曾在世界各国进修，并且作为有机栽培实践者闻名遐迩。该葡萄酒使用迟摘型威士莲，香气复杂、核心味道浓烈、口味甘甜。

Data

产地 / 阿尔萨斯	
品种 / 威士莲	
收获年份 / 2000	
参考价格 / ￥3675	

阿尔萨斯婷芭克世家特酿威士莲葡萄酒/婷芭克世家

Alsace Riesling Cuvée Frederic Emile / Trimbach

珍藏

白　辛辣

婷芭克世家作为阿尔萨斯名门，仅使用名副其实的优良葡萄。为了引出葡萄的香气而不进行酒樽熟成，打造的葡萄酒具有矿物质香气和浓厚的酒体。

Data

产地 / 阿尔萨斯	
品种 / 威士莲	
收获年份 / 2001	
参考价格 / ￥7350	

希侬迪布雷斯红葡萄酒 / 古兰庄园

Chinon La Diablesse / Château De Coulaine

个性享受

红　偏重

在庄园冠军之争中，迪布雷斯庄园被冠以"葡萄酒祖先"之名。该葡萄酒由在黏土、石灰质土壤中有机栽培的品丽珠打造而成，其包容力强，风格十分稳定。

Data

产地 / 都兰产区希侬
品种 / 品丽珠
收获年份 / 2005
参考价格 / ￥3465

索米尔尚碧妮红葡萄酒 / 里格兰德庄园

Saumur Champigny Les Lizières / Domaine Ren Noë Ligrand

日常

红　偏重

受大西洋气候影响，索米尔气候和湿度得天独厚，该庄园便位居于此。该红葡萄酒仅使用品丽珠，具有醋栗的香气和纤细的单宁，口味强劲有力而又优雅。

Data

产地 / 索米尔产区索米尔尚碧妮
品种 / 品丽珠
收获年份 / 2005
参考价格 / ￥2180

舍维尼红葡萄酒 / 慕林庄园

Cheverny / Domaine du Moulin

日常

红　偏重

舍维尼在1993年被评上AOC。位于卢瓦尔河谷左岸的慕林庄园，因打造自然派葡萄酒而受到青睐。该葡萄酒的浓郁果味和适量酸气正好达到完美的平衡。

Data

产地 / 都兰产区舍维尼
品种 / 黑皮诺、佳美
收获年份 / 2006
参考价格 / ￥1838

索米尔皮格诺珍藏红葡萄酒 / 弗斯塞庄园

Saumur Réserve du Pigeonnier / Château de Fosse-Sèche

珍藏

红　偏重

该顶级葡萄酒由年轻的解百纳名手焦姆·克莱鲁打造。葡萄田采取生物学手法进行管理，每个枝头只长一串葡萄。通过控制收获量，葡萄酒的口味纯净而又纤细。

Data

产地 / 索米尔
品种 / 品丽珠、赤霞珠
收获年份 / 2002
参考价格 / ￥8190

蒙路易·路易斯白葡萄酒 / 弗朗克斯·齐戴奴庄园

Montlouis sur Loire Clos du Breuil / Domaine François Chidaine

个性享受
白　辛辣

弗朗克斯·齐戴奴经常得到《Classement》的高度评价，是路易村屈指可数的生产者。它很早便将有机农法付诸于实践，打造的葡萄酒完美地将风土条件表现出来。该葡萄酒使用长期熟成型白诗南。

Data

产地 / 都兰产区蒙路易	
品种 / 白诗南	
收获年份 / 2005	
参考价格 / ￥3675	

大普隆南特产区白葡萄酒 / 古伊·博萨德庄园

Gros-Plant du Pays Nantais / Guy Bossard Domaine de l'Écu

日常
白　辛辣

该葡萄酒由古伊·博萨德在卢瓦尔"有机动力"的作用下亲手酿制而成。考虑到对土中微生物的影响，葡萄田使用马匹进行耕作。通过有机农法生产的葡萄酒得到了权威机构的认可。

Data

产地 / 南特产区南特	
品种 / 大普隆	
收获年份 / 2006	
参考价格 / ￥2258	

莎云妮尔·克洛斯德拉古力·色朗特白葡萄酒 / 尼古拉斯·卓利

Savennières Clos de la Coulée de Serrant / Nicolas Joly

珍藏
白　微辣

莎云妮尔是"有机动力传道士"尼古拉斯·卓利单独拥有的产区。该葡萄酒使用历时2个月的手摘葡萄，通过自然酵母发酵，可谓费事费力，但也让它得到了"法国五大白葡萄酒之一"的殊荣。

Data

产地 / 安茹·索米尔产区莎云妮尔	
品种 / 白诗南	
收获年份 / 2002	
参考价格 / ￥12600	

都兰产区里杜白葡萄酒 / 荷西庄园

Touraine Azay-le-Rideau / Château de la Roche

日常
白　辛辣

阿泽村位于希侬至图尔的街道边，该庄园便在其中。其葡萄田土壤颇有个性，同时采取与有机农法有别的传统自然农法栽培葡萄。该葡萄酒可进行10~15年的熟成，陈年持久力强。

Data

产地 / 都兰产区	
品种 / 白诗南	
收获年份 / 2004	
参考价格 / ￥2940	

得乐梦起泡葡萄酒
Delamotte Brut

个性享受
泡白　辛辣

该起泡葡萄酒将霞多丽的特质完美地表现出来，现在与Salon（精品香槟酒厂）同属罗兰百悦公司旗下。其中，霞多丽占较大比例，酸味清凉、透明感十足。

Data	
产地 / 白岸谷地产区	
品种 / 霞多丽、黑皮诺、莫尼椰皮诺	
收获年份 / NV	
参考价格 / ￥6090	

艾里克·泰埃传统起泡葡萄酒
Eric Taillet Brut Tradition

个性享受
泡白　辛辣

该产区位于马恩河谷中央处，葡萄田跨越以巴柳·霞第蓉为中心的5个产区。严格进行葡萄田的管理和果实的选取，采用传统的橡木制压榨机进行压榨，打造的葡萄酒果味纤细而柔和。

Data	
产地 / 马恩河谷产区	
品种 / 莫尼椰皮诺	
收获年份 / NV	
参考价格 / ￥4788	

安德烈·克鲁埃天然起泡葡萄酒
Andr Clouet Silver Brut Nature

珍藏
泡白　辛辣

该葡萄酒使用兰斯山脉产区特级田——博兹村和艾伯尼村的黑皮诺，属于少量生产的不加糖香槟酒。其香气芳醇、味道细腻，也是瑞典王室使用的葡萄酒。

Data	
产地 / 兰斯山脉产区博兹	
品种 / 黑皮诺	
收获年份 / NV	
参考价格 / ￥7980	

基斯顿·拔仙传统起泡葡萄酒
Christian Busin Brut Tradition Grand Cru

个性享受
泡白　辛辣

韦尔兹奈村以不断栽培优质黑皮诺而著称，基斯顿·拔仙便是该村的RM葡萄酒农。该葡萄酒利用重视风土条件的传统手法打造而成，核心味道浓烈而优雅，均衡感强。

Data	
产地 / 兰斯山脉产区韦尔兹奈	
品种 / 黑皮诺、霞多丽	
收获年份 / NV	
参考价格 / ￥5460	

沙龙帝皇珍藏起泡葡萄酒

Billecart-Salmon Brut Réserve

珍藏

泡白　辛辣

酿造者将家庭经营的名门酿造商安置于马恩河谷产区的玛赫依村。该辛辣起泡葡萄酒的香气新鲜而纤细，味道饱满而清爽，堪称佳品。

Data

产地 / 马恩河谷产区玛赫依村
品种 / 莫尼耶皮诺、霞多丽、
　　　黑皮诺
收获年份 / NV
参考价格 / ￥7000

艾伯尼・亨利比内传统起泡葡萄酒

Henri Billiot Grand Cru a Ambonnay Cuvée Tradition

个性享受

泡白　辛辣

庄园位于以生产卓越黑皮诺而著称的特级田——艾伯尼，年生产量约35000瓶，非常稀少。该葡萄酒的50%使用珍藏葡萄酒，口味强劲的同时，又厚重光滑，洋溢着坚果和蜂蜜般熟成风味。

Data

产地 / 兰斯山脉产区艾伯尼
品种 / 黑皮诺、霞多丽
收获年份 / NV
参考价格 / ￥6300

狄宝特・巴洛瓦起泡葡萄酒

Diebolt-Vallois Blanc de Blancs Prestige Brut

珍藏

泡白　辛辣

特级田克拉芒村以生产果味馥郁、矿物质感洒脱的霞多丽而闻名，该酒酿制商便位居于此。虽然是小规模的家族经营，但因品质高而被大家口头相传，颇有名气。该葡萄酒具有优雅的酸味和柔和的果味，余韵也非常甘甜优美。

Data

产地 / 白岸谷地产区克拉芒村
品种 / 霞多丽
收获年份 / NV
参考价格 / ￥7350

加蒂努瓦起泡玫瑰红葡萄酒

Gatinois Grand Cru Brut Ros

个性享受

起泡玫瑰红　辛辣

该小规模生产者位于以黑皮诺而闻名、被称为"香槟酒最高峰"的艾依村。该地区拥有最优良的区域和葡萄古树。该葡萄酒严格控制补充性调味剂的使用，而使用手工酿制，散发着黑皮诺的芳醇和强劲，口感宜人。

Data

产地 / 马恩河谷产区艾依村
品种 / 黑皮诺、霞多丽
收获年份 / NV
参考价格 / ￥6552

泰亭哲夜曲香槟酒
Taittinger Nocturne Sec

珍藏

泡白　微辣

泰亭哲位于兰斯市。该酒经过至少4年的熟成，味道微甜饱满，熟成感十足，香气纤细而新鲜，气泡又不失柔和，称之为"夜曲"，绝对名副其实。

Data

产地 / 兰斯山脉产区
品种 / 黑皮诺、莫尼耶皮诺、
　　　霞多丽
收获年份 / NV
参考价格 / ￥9000

艾丽提·欧仁起泡葡萄酒 / 克里斯多夫·米尼翁庄园
Héritier Eugène Prudhomme 3eme Millenair / Christophe Mignon

珍藏

泡白　辛辣

该庄园位于马恩河谷中央部南侧费斯塔尼的西南朝向斜坡上，拥有6ha自家田，以栽培莫尼耶皮诺为主。通过有机栽培，纯净的风土条件被发挥得淋漓尽致。该葡萄酒需5年熟成，口味复杂醇厚而又浓密。

Data

产地 / 马恩河谷产区
品种 / 莫尼耶皮诺、霞多丽
收获年份 / NV
参考价格 / ￥7350

香普瑠瓦·艾伯尼葡萄酒 / 欧歌利屋
Coteaux Champunois Ambonnay Rouge Cuvée des Grands Côtés Vieilles Vignes / Egly-Ouriet

珍藏

红　辛辣

该酒庄虽生产量低，但作为香槟酒的代表生产者非常知名。该葡萄酒使用严格管理葡萄田的最优质黑皮诺，在新酒樽中发酵而成，如实地反映着得天独厚的风土条件。

Data

产地 / 兰斯山脉产区
品种 / 黑皮诺
收获年份 / NV

塔兰酒庄路易酩酿香槟
Tarlant Cuvée Louis

珍藏

泡白　辛辣

历经12代的悠久家族经营庄园打造的佳酿香槟酒，使用1996、1997年的黑皮诺和霞多丽，在酒樽中进行发酵而成，口味浓密、质感十足，值得一尝。

Data

产地 / 马恩河谷产区威依村
品种 / 黑皮诺、霞多丽
收获年份 / NV
参考价格 / ￥10500

普罗旺斯·瓦尔葡萄酒 / 德芳酒庄

Coteaux Varois en Provence Clos du Bécassier / Domaine du Deffends

日常
红　偏重

庄园所在的圣马克西曼丘陵，堪称普罗旺斯地区的顶级区域。该葡萄酒将得天独厚的土壤和气候发挥得淋漓尽致，是家族经营的得力成果。其不需要过滤澄清，自然地散发着水灵风味。

Data	
产地 / 普罗旺斯地区瓦尔区	
品种 / 西拉、格连纳什、慕合怀德	
收获年份 / 2005	
参考价格 / ￥2436	

沃克吕兹白葡萄酒 / 艾默利尔领地

Vin de Pays du Vaucluse / Domaine de

日常
红　偏重

酿造者即是罗纳南部屈指可数的优秀生产者艾默利尔领地。华丽的花香和熟成的水果美味达到完美的平衡，这还要归功于主体格连纳什和佳利酿的均衡感。

Data	
产地 / 罗纳地区	
品种 / 格连纳什、佳利酿、梅尔诺、神索、西拉	
收获年份 / 2005	
参考价格 / ￥2016	

米娜弗红葡萄酒 / 欧佩古堡

Minervois Les Barons / Château d'Oupia

日常
红　重

该区域堪称"朗格多克的旗帜"，像该酒这样将风土条件发挥如此美妙的葡萄酒确实很稀少。通过分开使用熟成酒樽，浓厚的果味、酸气和酒樽固有的香草香共同形成了一种宜人的香气。

Data	
产地 / 朗格多克地区	
品种 / 西拉、佳利酿、格连纳什	
收获年份 / 2004	
参考价格 / ￥2604	

马蒂隆葡萄酒 / 卡普马丹庄园

Madiran Vieilles Vignes / Domaine Capmartin

日常
红　重

卡普马丹庄园始创于12世纪，位于马蒂隆。该葡萄酒仅使用代代相传的树龄80年以上的葡萄树产出的葡萄，其中主要使用该地区的固有品种塔那葡萄酿制，具有干果般香气和馥郁的单宁，核心味道浓烈。

Data	
产地 / 西南地区	
品种 / 塔那、品丽珠、赤霞珠	
收获年份 / 2005	
参考价格 / ￥2520	

邦多勒葡萄酒 / 巴斯帝庄园

Bandol / Domaine la Bastide Blanche

个性享受

红　重

该著名庄园位于邦多勒北
部，葡萄田处于海拔250米的
高地上。栽培过程无农药、
"纯自然"。葡萄酒酒体浓
厚而柔和，具有熟成的果实
香和厚重的口味。

Data

产地 /	普罗旺斯地区邦多勒
品种 /	慕合怀德、格连纳什、神索、佳利酿
收获年份 /	2004
参考价格 /	￥3150

圣维克图瓦·普罗旺斯山坡葡萄酒 / 艾莉司美璐庄园

Château Coussin Sainte Victoire Côtes de Provence / Château Elie Sumeire

日常

红　重

位于普罗旺斯山坡中的圣维
克图瓦一直打造着上乘的葡
萄酒。他们通过传统自然
制法，使葡萄酒具有蓝莓
果酱般甘甜浓厚香气，饱满
的风味和柔和的单宁恰到
好处。

Data

产地 /	圣维克图瓦·普罗旺斯山坡产区
品种 /	西拉 60%、赤霞珠 30%、格连纳什 10%
收获年份 /	2003
参考价格 /	￥2772

沃基拉斯葡萄酒 / 艾默利尔领地

Vacqueyras Les Genestes / Domaine des Amouriers

个性享受

红　重

由潜力很大的罗纳南部艾默
利尔领地打造的沃基拉斯葡
萄酒洋溢着自然口味，同时
具有中草药、土壤和橄榄般
香气，味道清新而浓厚。

Data

产地 /	沃基拉斯
品种 /	格连纳什、西拉、神索、慕合怀德
收获年份 /	2004
参考价格 /	￥3360

保尔克莱勒港·普罗旺斯山坡葡萄酒 / 里卢庄园

Porquerolles Côtes de Provence / Domaine de l'Ile

个性享受

红　重

产地位于地中海的保尔克莱
勒岛。该庄园利用完善的有
机栽培方法栽培葡萄，同时
纯手工采摘。通过高温发酵
和反复淋皮，果实的香气得
到充分开发，另外伴随着红
色系果实和香料的柔和感。

Data

产地 /	普罗旺斯地区保尔克莱勒岛
品种 /	西拉、格连纳什
收获年份 /	2005
参考价格 /	￥3108

福热尔红葡萄酒 / 塔斯达尼酒庄

Faugères Cuvée Prestige / Château des Estanilles

个性享受

红　　重

蜜雪儿·路易逊历经30年，在朗格多克一直不断挑战高品质葡萄酒。在遍布片岩层、土壤个性十足的葡萄田，种植的葡萄口味具有十分突出的个性。

Data

产地 / 朗格多克	
品种 / 西拉、格连纳什、慕合怀德、佳利酿、神索	
收获年份 / 2001	
参考价格 / ￥3400	

圣希尼昂西蒙莱特田园葡萄酒 / 尚巴特农舍

Saint-Chinian Cuvée Clos de la Simonette / Domaine Mas Champart

个性享受

红　　重

群山环绕中的圣希尼昂，土壤为结晶片岩和石灰亚黏土质。以自然派为导向的尚巴特农舍，非常重视风土条件。该酒中的果实和酸味达到完美的平衡，口味厚重。

Data

产地 / 朗格多克地区圣希尼昂	
品种 / 慕合怀德、格连纳什	
收获年份 / 2001	
参考价格 / ￥3360	

鲁西荣红葡萄酒 / 古碧酒庄

Côtes du Roussillon Villages Vieilles Vignes / Domaine Gauby

珍藏

红　　重

该酿造家对各地葡萄酒生产者均造成了重要影响，打造的此酒仅使用高树龄葡萄，且葡萄严格控制收获量，40%进行酒樽熟成，剩余的部分在不锈钢酒樽中酿造。熟成红色系果实的丰润香气洋溢于整瓶酒中。

Data

产地 / 鲁西荣	
品种 / 格连纳什、佳利酿、慕合怀德、西拉	
收获年份 / 2001	
参考价格 / ￥6972	

科西嘉·菲加里葡萄酒 / 卡纳何利庄园

Corse Figari / Clos Canarelli

个性享受

红　　偏重

酿造者卡纳何利作为担负着科西嘉岛未来的使命者，备受人们的关注。该葡萄酒通过传统农法，亦使用科西嘉岛固有品种，同时在小酒樽中进行发酵、熟成。具有上等的纤细感，适合与鱼贝类相搭配。

Data

产地 / 科西嘉	
品种 / 涅露秋、格连纳什、西拉	
收获年份 / 2004	
参考价格 / ￥4200	

普罗旺斯山坡葡萄酒 / 圣拜蓉庄园

Côtes de Provence / Château Saint Baillon

日常

白　辛辣

该庄园位于普罗旺斯山坡中央，临近地中海。分布于西南斜坡高地上的葡萄田的风土条件得天独厚。白葡萄酒的酿制主要使用普罗旺斯古种葡萄，其香气清爽馥郁，具有法国南部专有的风味。

Data

产地 / 普罗旺斯山坡	
品种 / 罗鲁、白玉霓	
收获年份 / 2006	
参考价格 / ￥2688	

朱朗松葡萄酒 / 乌罗拉庄园

Jurançon Sec Cuvée Marie / Domaine Clos Uroulat

个性享受

白　微辣

葡萄酒名字是酿造学者暨庄园主人查尔·乌鲁的爱女之名。宝丽丝山麓丘陵地带的朱朗松葡萄田的风土条件得天独厚，打造的白葡萄酒亦非常馥郁，具有蜂蜜般甘甜香气，辛辣口味适中，味道柔和。

Data

产地 / 西南地区朱朗松	
品种 / 大满胜、库尔布	
收获年份 / 2005	
参考价格 / ￥3024	

维克·比勒·帕歇汉克葡萄酒 / 卡普马丹庄园

Pacherenc du Vic-Bilh Sec / Domaine Capmartin

日常

白　甘甜

该葡萄酒来自作为鹅肝酱产地亦非常知名的马德兰，与料理极为搭配。具有白花般花香和饱满的果味，核心味道浓烈而不过分，整体保持着完美的平衡。

Data

产地 / 西南地区马德兰	
品种 / 大满胜、阿修菲亚克、	
小满胜	
收获年份 / 2006	
参考价格 / ￥2100	

维格诺拉葡萄酒 / 瑞努奇庄园

Corse Calvi Cuvée Vignola / Domaine Renucci

日常

白　辛辣

瑞努奇庄园自古以来便受到科西嘉岛岛民的喜爱，该酒可谓其最高级别的葡萄酒，具有丰富的矿物质感和香气。该酒具柑橘类和麝香般香气，口味饱满，酒体浓重，有如科西嘉海风般的清爽。

Data

产地 / 科西嘉岛	
品种 / 维蒙蒂诺	
收获年份 / 2007	
参考价格 / ￥3108	

巴特里摩尼欧葡萄酒 / 安东尼酒庄

Patrimonio Grotte di Sole / Domaine Antoine Arena

个性享受

白　微辣

该辛辣白葡萄酒受到科西嘉岛岛民的最高关注，非常具有人气。其使用安吉洛山东南斜坡葡萄田的维蒙蒂诺酿制而成。受来自地中海海风的影响，葡萄果香宜人，味道自然、浓烈适中。

Data

产地	科西嘉岛巴特里摩尼欧
品种	维蒙蒂诺
收获年份	2006
参考价格	￥5040

埃克斯·普罗旺斯白葡萄酒 / 伯爵庄园

Coteaux d'Aix en Provence Collection de Château Blanc / Château de Beaupre

个性享受

白　辛辣

该庄园在埃克斯·普罗旺斯已有近3个世纪的历史。由长相思和赛美蓉打造的白葡萄酒，堪称严格精选的上等葡萄酒，具有橄榄油和柑橘系风味。其在新酒樽中熟成，核心味道恰到好处。

Data

产地	普罗旺斯地区埃克斯·普罗旺斯
品种	长相思、赛美蓉
收获年份	2004
参考价格	￥3360

菲诺里德斯餐酒葡萄酒 / 古碧酒庄

Le Soula Vin de Pays des Côteaux des Fenouillèdes / Domaine Gauby

珍藏

白　辛辣

该酒是鲁西荣地区最优质酿造者打造的顶级餐酒。来自大海和山峰的强风伏击高地上的葡萄田，酿造者在控制收获量的同时使用优质葡萄。葡萄酒在酒樽发酵、熟成后，便呈现出了一种洒脱风格。

Data

产地	鲁西荣地区
品种	灰格连纳什、白格连纳什、霞多丽
收获年份	2001
参考价格	￥6972

迷你知识　**主要**

地区餐酒

如今，地区餐酒约有150种被认可，其中生产量大、知名度高的有以下几种。生产量的70%以上均在地中海沿岸的法国南部。此外，标签上所标记的生产地和品种名100%是该产地，也必须是该品种。

Vin de Pay d'Oc

朗格多克–鲁西荣地区

※ 生产量最多（约占整体的一半）。跨越5个县。

Vin de Pay du Jardin de la France

卢瓦尔地区

Vin de Pay du Comté Tolosan

西南地区

Vin de Pay Portes de Mediterranée

普罗旺斯、科西嘉地区

古典（精品）索瓦干白葡萄酒 / 吉尼庄园

Soave Classico / Gini

个性享受
白　辛辣

在意大利，该生产地是近年来品质提高最显著的生产地之一。该辛辣白葡萄酒由索瓦的代表性公司吉尼打造，新鲜清爽之中，蕴含着浓烈的果香，同时矿物质丰富，核心味道恰到好处。

Data

产地 / 威尼托	
品种 / 加格奈拉	
收获年份 / 2007	
参考价格 / ￥3360	

嘉维干白葡萄酒 / 贾克萨佛拉特里酒庄

Gavi / Giacosa Fratelli

日常
白　辛辣

该葡萄酒在意大利国内很受欢迎，是皮埃蒙特的代表性DOCG。贾克萨佛拉特里酒庄的酿造者采取传统手法打造的优质葡萄酒，酸味与甘甜形成绝妙的平衡，恰到好处，尤其适合与鱼贝料理相搭配。

Data

产地 / 皮埃蒙特	
品种 / 歌蒂丝	
收获年份 / 2006	
参考价格 / ￥1900	

蒙帕赛诺意大利红葡萄酒 / 宝隆·考露娜庄园

Montepulciano d'Aburuzzo / Barone Cornacchia

日常
红　偏重

该葡萄酒主要使用亚得里亚海对面丘陵地带的最优级葡萄蒙特普恰诺。短期发酵后，在斯洛文尼亚橡木樽中进行半年左右的熟成，味道浓厚但不过于甘甜，同时口感柔和。

Data

产地 / 托斯卡纳	
品种 / 蒙特普恰诺、圣祖维斯	
收获年份 / 2007	
参考价格 / ￥1680	

卡多玛·托斯卡纳 IGT / 卡萨帝蒙特庄园

Cadmo Toscana IGT / Casa di monte

日常
红　偏重

托斯卡纳作为佛罗伦萨西南地区观光地非常知名，其中的卡萨帝蒙特庄园自古便经营着农园，该清爽红葡萄酒便于此庄园打造。它具有芳醇的香气和柔和的口感，将圣祖维斯的魅力体现得淋漓尽致。

Data

产地 / 托斯卡纳	
品种 / 圣祖维斯、卡内奥罗、扎比安奴	
收获年份 / 2004	
参考价格 / ￥2079	

内摩利诺·托斯卡纳 IGT／伊基斯蒂 & 桑撒庄园

Nemorino Toscano rosso IGT / I Giusti & Zanza

日常

红 重

全部由手摘的完全熟成葡萄打造而成，味道浓厚。充分发挥了出众的风土条件和独特的酿造方法。无愧于标签上描绘的酒与丰登之神"巴克斯"，属于超级托斯卡纳之一。

Data
产地 / 托斯卡纳
品种 / 西拉、圣祖维斯、梅尔诺
收获年份 / 2006
参考价格 / ￥2625

彼安卡特红葡萄酒／凯福林庄园

"Piancarda" Rosso Conero / Garofoli

日常

红 偏重

该庄园位于科内罗山腰处，葡萄田受到亚得里亚海风的影响较深。该葡萄酒仅使用该地葡萄蒙特普恰诺，经过1年左右的酒樽熟成，果香紧缩，味道柔和、均衡。

Data
产地 / 托斯卡纳
品种 / 蒙特普恰诺
收获年份 / 2002
参考价格 / ￥2250

阿尔巴纳比奥罗葡萄酒／贾科萨酒庄

Nebbiolo d'Alba / Bruno Giacosa

日常

红 重

该葡萄酒仅使用作为巴巴莱斯克红的葡萄酒品种非常出名的纳比奥罗——主要栽培于皮埃蒙特州北部的小城镇贝萨·阿尔巴。该酒具有新鲜的果香，清澈优质的味道，以及洒脱的风格。

Data
产地 / 皮埃蒙特
品种 / 纳比奥罗
收获年份 / 2004
参考价格 / ￥5250

基昂蒂古典葡萄酒／伯恩多诺酒庄

Chianti Classico / Buondonno

个性享受

红 重

通过完善的有机栽培，严格控制葡萄的收获量。基昂蒂古典的果味、浓缩感和酒樽香气保持着完美的均衡，在莓类水果和香草般果味中，单宁纤细宜人，百饮不厌。

Data
产地 / 托斯卡纳
品种 / 圣祖维斯、卡内奥罗
收获年份 / 2006
参考价格 / ￥3390

蒙塔奇诺干红葡萄酒 / 弗莎考雷庄园

Rosso di Montalcino / Fossacolle

珍藏
红　　重

蒙塔奇诺是红葡萄酒佳酿地，其打造的葡萄酒可以与勃艮第最顶级葡萄酒相媲美。该葡萄酒由该地树龄较低的布鲁奈罗酿制而成，生产数量低，具有木莓般饱和的香气和十足的浓缩美味。

Data
产地 / 托斯卡纳	
品种 / 布鲁奈罗	
收获年份 / 2004	
参考价格 / ￥4725	

杜卡马拉·托斯卡纳 IGT / 伊基斯蒂 & 桑撒庄园

Dulcamara Toscano Rosso IGT / I Giusti & Zanza

珍藏
红　　重

主要使用与梅多克气象条件相似的葡萄田栽培的赤霞珠。在法国产的橡木酒樽中熟成，再进行12个月的瓶内熟成。具有浓缩的果味和柔和的单宁，酒体浓厚，宜于饮用。

Data
产地 / 托斯卡纳	
品种 / 赤霞珠、梅尔诺	
收获年份 / 2004	
参考价格 / ￥7245	

列那·托斯卡纳 IGT / 卡皮尼·乔瓦尼庄园

Lien Merlot Toscana Rosso IGT / Chiappini Giovanni

珍藏
红　　重

该葡萄酒由卡皮尼·乔瓦尼庄园酿制而成，最初只是自家饮用的葡萄酒，之后反响强烈，2000年开始上市。其使用黏土质土壤栽培的梅尔诺，在纤细的味道中洋溢着果味。

Data
产地 / 托斯卡纳	
品种 / 梅尔诺	
收获年份 / 2003	
参考价格 / ￥15750	

巴巴莱斯克葡萄酒 / 贾科萨酒庄

Barbaresco / Bruno Giacosa

珍藏
红　　重

意大利的代表性葡萄酒。贾科萨酒庄作为巴巴莱斯克的佳酿家非常著名，在巴巴莱斯克村拥有最顶级的葡萄田。通过传统的手法打造的葡萄酒具有无与伦比的口感，味道复杂，强劲有力。

Data
产地 / 皮埃蒙特	
品种 / 纳比奥罗	
收获年份 / 1999	

比斯波特·黄金水滴威士莲 Q.b.A./ 哈尔特庄园

Piesporter Goldtröpfchen Riesling Q.b.A, / Joh.Haart

日常

白　微辣

比斯波特呈球状地形，分布于美丽的溪谷上，风土条件最适合威士莲的栽培。哈尔特庄园约有660年历史，打造出的白葡萄酒具有清爽的酸味和白桃般甘甜，均衡感十足。

Data

产地 / 摩泽尔地区	
品种 / 威士莲	
收获年份 / 2007	
参考价格 / ￥2310	

埃特鲁斯巴哈 Q.b.A. / 卡鲁特·霍夫贝格庄园

Eitelsbacher Karthäuserhofberg Riesling Q.b.A / Karthäuserhofberg

日常

白　微甜

鲁韦尔河流域一直盛产精致美酒。该葡萄酒使用此流域屈指可数的葡萄田——卡鲁特·霍夫贝格的威士莲，甘甜与酸味达到绝妙的平衡，富于水果酸味和矿物质感，口感轻快纤细。

Data

产地 / 摩泽尔地区	
品种 / 威士莲	
收获年份 / 2000	
参考价格 / ￥2625	

伟那阳光园威士莲 Q.m.P./ 普绿园

Wehlener Sonnenuhr Riesling Spätlese Q.m.P. / Joh. Jos. Prüm

个性享受

白　甘甜

从12世纪至今，古参酿造所一直引导着德国葡萄酒。为了最大限度地发挥威士莲的魅力，采取将长期熟成提前的手法进行酿制。该酒香气浓郁，沁人心脾。

Data

产地 / 摩泽尔地区	
品种 / 威士莲	
收获年份 / 2003	
参考价格 / ￥6300	

卡比纳威士莲 Q.m.P. / 弗里兹·哈格庄园

Riesling Kabinett Q.m.P. / Fritz Haag

日常

白　微甜

朱佛葡萄田位于阳光充沛的斜坡上，该葡萄酒便使用此农田栽培的威士莲，产量虽低，但经常获得高度评价。其精致的口味中带着透明感。

Data

产地 / 摩泽尔地区	
品种 / 威士莲	
收获年份 / 2000	
参考价格 / ￥2625	

贝露娃 GB 葡萄酒 /
格奥尔格·布鲁尔酒坊
GB Rouge Spätburgunder / Georg Breuer

个性享受

红　　偏重

格奥尔格·布鲁尔酒坊是莱茵高代表性酒庄，受到世界性高度评价。该酒坊充分发挥了莱茵高地区的强劲风土条件，同时严格控制葡萄的收获量，具有熟成果味和华丽的莓香，在一定程度上改变了德国红葡萄酒的传统概念。

Data
产地 / 莱茵高地区
品种 / 黑皮诺
收获年份 / 2006
参考价格 / ￥6825

杜尔克海姆·郝尔本小麝香葡萄酒 /
达廷庄园
Dürkheimer Hochbenn Muskateller Eiswein / Darting

个性享受

白　　极甜

法尔斯特村自古便不断打造着法尔兹最顶级葡萄酒。该酒便是由法尔斯特村一级葡萄田的小麝香打造而成。其果味浓缩的芳醇甘甜，与残留的酸气达到完美的平衡。

Data
产地 / 法尔兹地区
品种 / 小麝香
收获年份 / 1999
参考价格 / ￥5250

弗意埃贝鲁库·贝露娃 Q.m.P./
贝尔谢酒厂
Burkheimer Feuerberg Spätburgunder Spätlese trocken Q.m.P. / Bercher

珍藏

红　　偏重

该葡萄田为火山质土壤，以弗意埃贝鲁库火山命名，是勃艮第品种的理想栽培地。酿造过程中，一开始便使用"巴利克"酒樽熟成，酒樽味伴随矿物质感和辛辣味，葡萄酒整体口味纤细深厚。

Data
产地 / 巴登
品种 / 黑皮诺
收获年份 / 2001
参考价格 / ￥9450

贝露娃 BQ.b.A 辛辣葡萄酒 /
贝克酒厂
Spätburgunder "B" Q.b.A trocken / Friedrich Becker

个性享受

红　　偏重

该家族经营酒厂位于红葡萄酒高产的法尔兹地区最南端，其使用的黑皮诺受到公众的认可。该酒厂严格控制葡萄的收获量，通过旧酒樽熟成后，该酒色泽深，具有果实的浓缩感，味道柔和宜人。

Data
产地 / 法尔兹地区
品种 / 黑皮诺
收获年份 / 2006
参考价格 / ￥5460

里奥哈丹魄葡萄酒 / 格里农侯爵

Rioja Tempranillo / Marques de Griñon

日常

红　偏重

该生产者不拘泥于传统葡萄酒法规，不断挑战革新的葡萄酒酿制。通过与当地企业之间的联合，进一步选取最优质的葡萄进行酿造。其甘甜浓缩的果味与橡木酒樽风味保持着完美平衡，属于低价格的优质品。

Data

产地 / 里奥哈州里奥哈

品种 / 丹魄

收获年份 / 2006

参考价格 / ￥1680

埃斯特拉泰格葡萄酒 / 埃古伦酒庄

Estratego Real / Dominio de Eguren

日常

红　偏重

与努曼西亚属于同一家族的埃古伦家族的旗帜酒，使用平均树龄30年的丹魄，在美国橡木酒樽中进行3个月的熟成。其果味馥郁，酸气和单宁均衡，性价比高。

Data

产地 / 里奥哈州里奥哈

品种 / 丹魄

收获年份 / NV

参考价格 / ￥1628

艾梅里杜斯葡萄酒 / 格里农侯爵

Emeritvs / Marques de Griñon

珍藏

红　重

格里农侯爵作为新风格的西班牙葡萄酒酿造者，具有很高的人气，酿制过程中，接受麦克劳伦的提议，将黑色果实、香草和辛辣料的香气，与浓郁的果味和柔和溶解的单宁达到绝妙的均衡。

Data

产地 / 托莱多

品种 / 赤霞珠、西拉、小味而多

收获年份 / 1998

参考价格 / ￥8400

杜兰特葡萄酒

Durat / Durat

日常

红　偏重

年轻貌美姐妹花共同经营的新锐葡萄酒，由位于海拔920m平原的葡萄田生产的葡萄酿制而成。该酒具有熟成的黑色系果实、中草药和香草的香气中，弥漫着酒樽的芬芳，酸味馥郁宜人。

Data

产地 / 卡斯蒂利·里昂

品种 / 丹魄、梅尔诺、赤霞珠

收获年份 / 2000

弩曼希亚葡萄酒 / 弩曼希亚·代尔莫庄园

Nvmanthia / Nvmanthia Termes

珍藏

| 红 | 重 |

位于托罗的埃古伦家族庄园打造的超级西班牙葡萄酒。使用严格控制收获量的古树（树龄高的葡萄树）葡萄。充裕的黑色系完全熟成果实的香气和辛辣味重叠，味道复杂浓厚、十分顺滑。

Data
产地 / 托罗地区
品种 / 丹魄
收获年份 / 2005
参考价格 / ￥11025

艾伦菩提葡萄酒 / 帕格瑠斯酒厂

El Puntido / Bodega y vinedos de Pagnos

珍藏

| 红 | 重 |

埃古伦家族生产的美酒均受到世界性高度评价。该酒便是由埃古伦家族打造的单一品种葡萄田的葡萄酒。其使用里奥哈北方界线附近农田的矿物质丰富的丹魄。芳香的果实中，萦绕摩卡咖啡等复杂香气。

Data
产地 / 里奥哈州里奥哈
品种 / 丹魄
收获年份 / 2005
参考价格 / ￥11025

马基斯特级波霸干红葡萄酒 / 葡萄牙若昂·拉马斯庄园

Marques de Borba Reserva / Joao Portugal Ramos

珍藏

| 红 | 重 |

所使用的完全熟成葡萄栽培于夏季长、降水量少的农田上。完全手工摘取，利用大理石捣碎等传统手法进行酿造。其复杂浓厚的味道可与波尔多右岸所酿制的葡萄酒相匹敌，堪称葡萄牙的超级葡萄酒。

Data
产地 / 阿连特茹地区（葡萄牙）
品种 / 特林加岱拉、丹魄、
　　　 紫北塞、赤霞珠
收获年份 / 2004
参考价格 / ￥10395

苏提乐珍藏葡萄酒 / 阿罗约酒庄

Val Sotillo Gran Reserva / Bodegas Ismael Arroyo

珍藏

| 红 | 重 |

稻埃鲁是红葡萄酒的佳酿地。该葡萄酒使用位于此地中心处、日照充沛的丘陵葡萄田的葡萄，通过近5年的熟成，沉厚复杂的味道中，各要素均衡感十足。

Data
产地 / 稻埃鲁
品种 / 丹魄
收获年份 / 1995

阿蒙蒂亚 NPU / 罗曼德庄园

Amontillado NPU /Romate

个性享受
| 强白 | 辛辣 |

阿蒙蒂亚将菲瑠进一步熟成后打造而成，具有琥珀色色调，味道浓烈。NPU是Non Plus Ultra的缩写，"极致"之意。该酒平均熟成30年，具有杏仁般香气和复杂的核心味道。

Data
| 产地 / 赫雷斯地区 |
| 品种 / 巴洛米诺 |
| 收获年份 / NV |
| 参考价格 / ￥3500 |

菲瑠·马利斯迈尔葡萄酒 / 罗曼德庄园

Fino Marismeño / Romate

个性享受
| 强白 | 辛辣 |

该庄园创建于1781年，是历史最悠久的酒庄之一。马利斯迈尔葡萄酒经过5年的熟成，属于轻快洒脱的菲瑠类型。淡淡的麦秆色，口味浓烈而纤细，余韵中残留着松果风味，辛辣爽口。

Data
| 产地 / 赫雷斯地区 |
| 品种 / 巴洛米诺 |
| 收获年份 / NV |
| 参考价格 / ￥3000 |

罗曼德修道院德罗·门西内葡萄酒 / 罗曼德庄园

Pedro Ximenez La Sacristía de Romate / Romate

珍藏
| 强白 | 极甜 |

修道院系列的德罗·门西内葡萄酒，平均熟成35年，色泽深浓，浓度稠密，极其甘甜顺滑，与酸味保持着绝妙的均衡，余韵悠长，是顶级的点心雪利酒。

Data
| 产地 / 赫雷斯地区 |
| 品种 / 巴洛米诺 |
| 收获年份 / NV |
| 参考价格 / ￥6500 |

罗曼德修道院阿蒙蒂亚雪利 / 罗曼德庄园

Amontillado La Sacristía de Romate / Romate

珍藏
| 强白 | 辛辣 |

罗曼德庄园的最顶峰系列，是通过40年的长期熟成的限定商品。呈清淡的金色，酒体浓厚，散发着熟成感。独特的酸味是重点，味道复杂深沉。

Data
| 产地 / 赫雷斯地区 |
| 品种 / 巴洛米诺 |
| 收获年份 / NV |
| 参考价格 / ￥6000 |

欧罗索都市精选葡萄酒 / 卢士涛酒庄

Oloroso Centenary Selection Del Tonel / Emilio Lustau

珍藏

| 强白 | 辛辣 |

该酒将拿破仑三世王妃——欧仁妮·德·蒙蒂若极力推崇的葡萄酒与在"陶内鲁"酒樽熟成的浊酒混合而成。风味宛如浓缩的森林果实与芳香的胡桃般，堪称最优质的欧罗索雪利酒。

Data
产地 /	赫雷斯地区
品种 /	巴洛米诺
收获年份 /	NV
参考价格 /	￥8158

阿蒙蒂亚·维嘉精选葡萄酒 / 卢士涛酒庄

Amontillado Centenary Selection Bodega Vieja / Emilio Lustau

珍藏

| 强白 | 辛辣 |

该酒庄是西班牙屈指可数的雪利酒酿造厂，而该酒是卢士涛酒庄100周年纪念系列的其中一种。其储存于维嘉酒厂，属于陈年索雷拉系列，味道深厚，限定5500瓶。

Data
产地 /	赫雷斯地区
品种 /	巴洛米诺
收获年份 /	NV
参考价格 /	￥8158

纳维拉珍藏起泡葡萄酒 / 纳维拉酒庄

Cava Brut Reserva Naveran / Naveran

日常

| 泡白 | 辛辣 |

该雪利酒使用西班牙传统品种打造而成，此品种地处冬冷夏热的地中海气候。其具有柑橘和白兰瓜般宜人香气和纤细的气泡。弥漫在口中的美味与新鲜感特别适合作为餐中酒饮用。

Data
产地 /	佩内德斯地区
品种 /	玛卡贝奥、沙雷洛、帕雷亚达
收获年份 /	NV
参考价格 /	￥2142

迷你知识

何谓卡瓦   Cava

卡瓦（Cava），指的是与香槟酒同样，通过瓶内二次发酵方式酿制而成的西班牙起泡葡萄酒。主要生产地是以佩内德斯为中心的加泰隆尼亚（占西班牙总生产量的90%）。

使用品种

※ 基本上有3个品种（均是白葡萄品种）

- 玛卡贝奥（别名"比尤莱"）
  Macabeo
  赋予果香和清爽感
- 帕雷亚达
  Parellada
  赋予花香
- 沙雷洛
  Xarel-Lo
  赋予酸味和酒精

制法上的规定

- 瓶内二次发酵。
- 150kg葡萄榨汁100L。
- 从二次发酵至除渣，最低9个月熟成（超过30个月的称为Cava Gran Reserve）

黑皮诺 DZ / 花之酒庄

Pinot Noir DZ / Flowers

珍藏

红　偏重

该葡萄田位于受强光直射和寒冷海流影响的索诺玛海岸海拔400m的高地上。此酒庄让索诺玛海岸之名在世界上耳熟能详，该酒很好地反映出当地的风土条件，味道辛辣复杂、耐人寻味。

Data

产地 / 加利福尼亚州索诺玛海岸	
品种 / 黑皮诺	
收获年份 / 2006	
参考价格 / ￥12075	

橡树镇爱普利超级混合葡萄酒 / 歌姬露酒庄

Aprile Super Oakville Blend / Gargiulo Vinyards

珍藏

红　偏重

该酒庄由歌姬露于1992年创办，虽是小型家族经营，但酿制出了令世界称赞的顶级葡萄酒。该酒口感柔和，熟成的果味浓烈，质感十足，适合与巴萨米克肉类料理等搭配饮用。

Data

产地 / 加利福尼亚州纳帕谷橡木镇产区	
品种 / 圣祖维斯 96%、赤霞珠 4%	
收获年份 / 2005	
参考价格 / ￥7560	

津子庄园黑皮诺葡萄酒 / 皮格寒葡萄酒厂

Mitsuko's Vineyard Pinot Noir Carneros / Clos Pegase

个性享受

红　偏重

卡内罗斯位于纳帕谷，该地温差大、气候寒冷。葡萄田冠以庄主夫人之名，属于该地区的旗舰田。该葡萄酒彰显和谐与洒脱的优雅风格，余韵端庄而典雅。

Data

产地 / 加利福尼亚州纳帕谷卡内罗斯	
品种 / 黑皮诺	
收获年份 / 2006	
参考价格 / ￥6457	

莱丝斯碧海岸庄园黑皮诺葡萄酒 / 科布葡萄酒厂

Pinot Noir Coastlands & Rice-Spivak vineyards / Cobb

珍藏

红　偏重

花之酒庄现酿造责任者罗斯科布冠名打造的少量生产私有葡萄酒。该葡萄田归科布家族所有，在索诺玛海岸早有评定。该酒清澈的色调中洋溢着香气，将葡萄酒的美妙体现得淋漓尽致。

Data

产地 / 加利福尼亚州索诺玛海岸	
品种 / 黑皮诺	
收获年份 / 2004	

纳帕谷红酒 / 帕尔美酒庄

Red Wine Napa Valley / Pahlmeyer

珍藏

红　重

曾任律师的庄园主詹森·帕尔美，打造出众多高级葡萄酒，在与海伦·戴利合作后，共同酿制出该款波尔多风格葡萄酒。该酒具有黑色果实的香气，质感浓厚，核心味道显著，味道柔和。

Data
产地 / 加利福尼亚州纳帕谷
品种 / 赤霞珠、梅尔诺、马尔白克、小味尔多、品丽珠
收获年份 / 2004
参考价格 / ￥23100

纳帕谷长相思葡萄酒 / 吉拉德庄园

Sauvignon Blanc Napa Valley / Girard

个性享受

白　辛辣

经过精选、压榨、不锈钢酒樽发酵后酿制而成的该酒，新鲜、柑橘类和热带水果的香气充满魅力。其质感和生动的酸气、余韵均十分宜人，性价比极高。

Data
产地 / 加利福尼亚州纳帕谷
品种 / 赤霞珠、品丽珠、小味尔多、梅尔诺、马尔白克
收获年份 / 2005
参考价格 / ￥35700

俄罗斯河谷黑皮诺葡萄酒 / 劳基奥利庄园

Pinot Noir Estate Grown Russian River Valley / Rochioli

珍藏

红　重

俄罗斯河谷属于加利福尼亚黑皮诺的佳酿地。其中，劳基奥利家族作为酿造者和葡萄栽培家，受到极高的评价。该酒口感顺滑，味道辛辣复杂，香气馥郁。

Data
产地 / 加利福尼亚州俄罗斯河谷
品种 / 黑皮诺
收获年份 / 2006
参考价格 / ￥11000

一号乐章红葡萄酒 / 一号乐章酒园

Opus One / Opus One Winery

珍藏

红　重

由罗伯特蒙大维和菲利普罗斯柴尔男爵这两位共同打造的纳帕谷绝品，其口感润滑，扩散于整个口中的馥郁香气，让余韵生动诱人，妙不可言。

Data
产地 / 加利福尼亚州纳帕谷
品种 / 赤霞珠、品丽珠、小味尔多、梅尔诺、马尔白克
收获年份 / 2005
参考价格 / ￥35700

霞多丽珍藏葡萄酒 /
罗伯特蒙大维酒厂

Chardonnay Reserve / Robert Mondavi Winery

| 珍藏 |
| 白 | 辛辣 |

罗伯特蒙大维奠定了加利福尼亚葡萄酒的地位，其生产的葡萄酒堪称标志性象征。其中，最顶级的霞多丽具有完全熟成洋梨般果味，口感柔和细腻，坚果和辛辣料等保持着完美的均衡感。

Data

| 产地 / 加利福尼亚州纳帕谷（卡内罗斯产区） |
| 品种 / 霞多丽 |
| 收获年份 / 2000 |
| 参考价格 / ￥6950 |

俄罗斯河谷霞多丽葡萄酒 /
吉拉德庄园

Chardonnay Russian River Valley / Girard

| 个性享受 |
| 白 | 辛辣 |

俄罗斯河谷受海风影响，温差大，栽培的霞多丽十分上乘，打造出来的低价格、高品质白葡萄酒具有柑橘和桃子般馥郁果味及柔和的酸气，各要素均衡搭配，非常适合就餐时饮用。

Data

| 产地 / 加利福尼亚州俄罗斯河谷 |
| 品种 / 霞多丽 |
| 收获年份 / 2006 |
| 参考价格 / ￥3682 |

具有代表性的别名

（葡萄的别名）

※ 括号内表示使用该名称的国家或地区名

白葡萄品种	
通常使用的品种名	别名
白诗南（法国）	→ Steen（南非）
麝香（法国）	→ Melon de Bourgogne（法国卢瓦尔）
灰皮诺（法国）	→ Grauburgunder（德国）
	Pinot Grigio（意大利）
	Tokay d'Alsace（法国阿尔萨斯）
白皮诺（法国）	→ Weßburgunder（德国）
长相思（法国）	→ Fume Blanc（美国）

黑葡萄品种	
通常使用的品种名	别名
黑皮诺（法国）	→ Spätburgunder（德国）
	Pino Nero（意大利）
格连纳什（法国）	→ Garnache（西班牙）
圣祖维斯（意大利）	→ Nielluccia（法国科西嘉）
纳比奥罗（意大利）	→ Spanna（意大利盖玛）
	Chia Vennasca（意大利瓦尔泰利纳）
丹魄（西班牙）	→ Tinto Fino（西班牙卡斯蒂利亚）
	Cencibel（西班牙拉曼恰）

莫琳娜珍藏赤霞珠红葡萄酒 / 圣派德罗庄园

Castillo de Molina Cabernet Sauvignon Reserva / San Pedro

日常

红　重

莫琳娜被称为世界上最完美的葡萄田，该葡萄酒使用的便是从莫琳娜最优质田中精选出的赤霞珠，在法国橡木酒樽中经过12个月的熟成。天鹅绒般柔滑口感中，咖啡和香草复杂香气十分馥郁。

Data

产地 / 中央山谷：库里科斯产区
　　　龙维特山谷

品种 / 赤霞珠、西拉

收获年份 / 2005

参考价格 / ￥2317

南纬 35° 赤霞珠葡萄酒 / 圣派德罗庄园

35° South Caberet Sauvignon / San Pedro

日常

红　重

该庄园酿造的葡萄酒在生产量和输出量上皆是智利前三名。该果味馥郁的葡萄酒，由南纬35°沿线的佳酿地——中央山谷中心处的葡萄打造而成，熟成的红果实风味中，夹杂着柔和的单宁和薄荷口味。

Data

产地 / 中央山谷：库里科斯产区
　　　龙维特山谷

品种 / 赤霞珠

收获年份 / 2006

参考价格 / ￥1582

十字星干红葡萄酒 / 牛郎星酒庄

Sideral / Altair

个性享受

红　重

牛郎星酒庄由法国圣艾米隆的达索酒庄和圣派德罗庄园共同设立而成。该地拥有来自安第斯的冷风和连绵起伏的斜坡，使酿制出来的葡萄酒富于矿物质感、烤肉香、倍加熟成的果感，以及馥郁优雅的香气。

Data

产地 / 中央山谷：拉佩尔产区

品种 / 赤霞珠、梅尔诺、佳美娜、
　　　西拉、品丽珠、小味尔多

收获年份 / 2003

参考价格 / ￥5257

1865 赤霞珠珍藏葡萄酒 / 圣派德罗庄园

1865 Caberet Sauvignon Reserva / San Pedro

个性享受

红　重

以圣派德罗庄园创立之年命名的顶级葡萄酒，表达着对庄园内所有从事酿造工作人员的敬意。其仅使用麦坡谷最优质葡萄田的葡萄，具有完全熟成果实和香草的香气，口味芳醇、酒体浓厚。

Data

产地 / 中央山谷：麦坡谷产区

品种 / 赤霞珠

收获年份 / 2001

参考价格 / ￥4207

牛郎星葡萄酒 / 牛郎星酒庄

Altair / Altair

珍藏

红　重

最优雅的牛郎星顶级葡萄酒。将手工采摘的葡萄在酒樽中发酵，通过法国橡木新樽熟成，打造出来的葡萄酒具有浓厚复杂的果实、酒樽、雪茄的香气，以及纤细的口感和长久的余韵，同时又干练浓烈。

Data

产地 / 中央山谷：拉佩尔产区卡恰布谷

品种 / 赤霞珠、佳美娜、西拉和梅尔诺

收获年份 / 2003

参考价格 / ￥10507

合恩角纪念红酒 / 圣派德罗庄园

Cabo de Hornos Special Reserve / San Pedro

珍藏

红　重

冠以世界上最野性的海域——南美最南端的"合恩海峡"之名，酒体馥郁。所有酿制过程均以自然的浓缩感为导向，具有熟成果实和甘辣味，香草味复杂，口感柔和浓厚。

Data

产地 / 中央山谷：库里科斯产区龙维特山谷

品种 / 赤霞珠

收获年份 / 2003

参考价格 / ￥7357

莫琳娜珍藏霞多丽白葡萄酒 / 圣派德罗庄园

Castillo de Molina Chardonnay Reserva / San Pedro

日常

白　辛辣

卡萨布兰卡谷受海洋影响，气候寒冷，打造出了智利代表性的干练白葡萄酒。该霞多丽严格控制收获量，具有热带水果、橘皮果香和清淡的烤肉香，新鲜而优雅。

Data

产地 / 阿空加瓜谷：卡萨布兰卡产区

品种 / 霞多丽

收获年份 / 2006

参考价格 / ￥2317

南纬 35° 霞多丽葡萄酒 / 圣派德罗庄园

35° South Chardonnay / San Pedro

日常

白　辛辣

由中央山谷中心位置的佳酿田生产的霞多丽打造而成的轻快白葡萄酒，具有正宗霞多丽的优质酒脱香气和菠萝蜜般风味。矿物质赋予了该葡萄酒恰到好处的浓厚感，均衡十足，宜于饮用。

Data

产地 / 中央山谷：库里科斯产区龙维特山谷

品种 / 霞多丽

收获年份 / 2006

参考价格 / ￥1582

有机西拉葡萄酒 / 房中小猪酒庄

Organic Shiraz / Pig in the House

个性享受

红　重

通过有机栽培和有机动力相结合的独特手法打造的自然派葡萄酒，木莓和洋李的浓缩香气中，夹杂着饱满的单宁，柔和馥郁的酒体让人体会到轻快的美国橡木感。年均生产300盒装，属少量生产。

Data
产地 / 新南威尔士州考拉
品种 / 西拉斯
收获年份 / 2006
参考价格 / ￥3675

"阿桑布拉诗"西拉慕合怀德格连纳什葡萄酒 / 派客酒庄

"The Assembage" Shiraz Mourvedre Grenache / Pikes

日常

红　重

由佳酿地嘉拉谷中具有"寒冷气候和特征土壤"的波兰山河谷生产的葡萄打造而成，具有熟成洋李、蓝莓、甘甜香料、烟熏的香气，酒体馥郁而柔和。

Data
产地 / 南澳大利亚州嘉拉谷
品种 / 西拉斯、格连纳什、慕合怀德
收获年份 / 2004
参考价格 / ￥2730

麦克拉伦谷小味尔多葡萄酒 / 比拉酒园

Petit Verdot McLarenvale / Pirramimma

个性享受

红　重

稳定的地中海气候和肥沃复杂的土壤结构孕育而成的浓厚优雅小味尔多，在美国橡木酒樽中进行2年熟成。其具有黑樱桃的甘甜香气和紫罗兰花的柔和单宁。且富有大地之感，酒体馥郁。

Data
产地 / 南澳大利亚州麦克拉伦谷
品种 / 小味尔多
收获年份 / 2006
参考价格 / ￥3675

史东妮酒庄赤霞珠葡萄酒 / A 庄园

Cabernet Sauvignon Stoney Vineyard / Domaine A

个性享受

红　重

在温和的海洋性气候中悠然成熟的赤霞珠，具有强劲的浓缩感和纤细感。醋栗和洋李中，夹杂着巧克力和香料的口感。单宁纤细，酒体馥郁优雅。

Data
产地 / 塔斯马尼亚州克鲁河谷
品种 / 赤霞珠
收获年份 / 2002
参考价格 / ￥3675

赤霞珠葡萄酒 / A 庄园

Cabernet Sauvignon / Domaine A

珍藏

红　　重

A庄园一直采用严格精选的葡萄，仅在优质年份进行酿造。其旗帜酒便是这波尔多混合葡萄酒。具有馥郁浓缩的黑果实、薄荷和香草的芳香，顺滑的口感和悠久余韵给人留下深刻的印象。

Data

产地 / 塔斯马尼亚克鲁河谷	
品种 / 赤霞珠、品丽珠、梅尔诺、 小味尔多	
收获年份 / 2000	
参考价格 / ￥8400	

贝利玛威红葡萄酒 / 斯特凡庄园

Primavera Pinot Noir / Stefano Lubiana

个性享受

红　　偏重

该酒厂的黑皮诺受到很高评价，将塔斯马尼亚的寒冷气候发挥得淋漓尽致。该酒木莓和草莓的香气中，夹杂着香料味，同时酒体浓郁清澈，新鲜丰富的果味和上品橡木香保持着完美平衡。

Data

产地 / 塔斯马尼亚杜温谷	
品种 / 黑皮诺	
收获年份 / 2006	
参考价格 / ￥4515	

华帝露葡萄酒 / 戴维崔格庄园

Verdelho / David Traeger

日常

白　　微辣

华帝露最初是使用于马德拉产区的葡萄牙品种。该白葡萄酒味道深厚微辣，得到了世界上的高度评价。其柑橘系果香、白桃般甘甜和酒脱的酸气，皆充满魅力。

Data

产地 / 维多利亚高宝谷	
品种 / 华帝露	
收获年份 / 2006	
参考价格 / ￥2835	

黑皮诺庄园葡萄酒 / 贝思菲利普庄园

Estate Pinot Noir / Bass Phillip

珍藏

红　　偏重

对勃艮第亨利·贾叶的迷恋，以及对黑皮诺的执着，菲利普·杰森用心经营着该庄园。其讲究之处细致入微，通过密集栽培、控制收获量、严格选果，反映着独特的风土条件。该酒味道构成缜密。

Data

产地 / 维多利亚吉普斯兰	
品种 / 黑皮诺	
收获年份 / 2004	

传统威士莲葡萄酒 / 派客酒庄
"Traditonal" Riesling / Pikes

个性享受

白　辛辣

凭借威士莲而知名的嘉拉谷，以收获期最晚的葡萄酿制出了该味道深刻的葡萄酒。其具有矿物质的馥郁和通透的酸味，以及柑橘系和菠萝的香气，新鲜而洒脱。宜与海鲜料理搭配饮用。

Data
产地 / 南澳大利亚州嘉拉谷	
品种 / 威士莲	
收获年份 / 2007	
参考价格 / ￥3045	

长相思葡萄酒 / 布特酒庄
Sauvignon Blanc / Dominique Portet

日常

白　微辣

多明里・布特出生于波尔多世代葡萄酒酿造家族，其自身也活跃在全世界。该酒便是布特在亚拉河谷打造的，其新鲜逼人，开封之后，其浓缩的果香扩散于每个角落。

Data
产地 / 维多利亚州亚拉河谷	
品种 / 长相思	
收获年份 / 2007	
参考价格 / ￥2940	

麦奥鲁赛美蓉贵腐甜酒 / 宾巴金酒庄
Myallroad Botrytis Semillon / Bimbadgen Estate

日常

白　极甜

酒庄名称在澳大利亚土著居民语言中表示"美丽的眺望"之意。来自法国柠檬油封肉、橘皮果酱、酒樽、香草、果仁、蜂蜜和红茶叶等复杂丰富的香气，与芳醇甘甜共同造就了该精致葡萄酒。酸味的余韵悠长而洒脱。

Data
产地 / 新南威尔士州猎人谷	
品种 / 赛美蓉	
收获年份 / 2006	
参考价格 / ￥2415	

霞多丽葡萄酒 / 班力本酒庄
Chardonnay / Bannockburn

个性享受

白　辛辣

季隆的寒冷和火山土，共同打造出了石灰岩土壤。在澳大利亚为数不多的霞多丽葡萄田中，班力本酒庄旨在直接体现出葡萄田的风土条件和配制年份的个性。其浓缩的果香和橡木香十分宜人。

Data
产地 / 维多利亚州季隆	
品种 / 霞多丽	
收获年份 / 2004	
参考价格 / ￥7875	

克尔娜庄园白皮诺葡萄酒 /
金字塔谷酒庄

Pinot Blanc Kerner Vineyard /
Pyramid Valley Vineyards

个性享受
白　辛辣

该新露头角的酒庄于2000
年在南岛北坎特伯雷购入理
想土地，如今备受瞩目。采
用有机动力手法酿制的白皮
诺葡萄酒，具有饱满馥郁的
果香和十足的酸气，以及柑
橘和杏般香气。

Data	
产地 / 坎特伯雷产区怀帕拉谷	
品种 / 白皮诺	
收获年份 / 2006	
参考价格 / ￥4200	

马尔堡灰皮诺葡萄酒 /
伊莎贝尔酒庄

Marlborough Pinot Gris / Isabel

个性享受
白　微辣

该酒庄将马尔堡产区的灰
皮诺个性和潜能很好地体
现出来，受到公众的认
可。该灰皮诺葡萄酒具有
桃子和热带水果的馥郁香
气，以及清淡甘甜的酒樽
香。同时也给人带来干杏
的印象，味道强劲有力。

Data	
产地 / 马尔堡产区	
品种 / 灰皮诺	
收获年份 / 2007	
参考价格 / ￥3150	

库来宾庄园霞多丽葡萄酒 /
弗朗酒庄

Clayvin Vineyard Chardonnay / Fromm

珍藏
白　辛辣

瑞士四代葡萄酒酿制商——
弗朗夫妇于1991年设立弗
朗酒庄。受海洋性气候影
响和长期日照生产出来的
霞多丽既纤细又浓厚。酒
体果味浓烈，酸气洒脱，
矿物质感宜人。

Data	
产地 / 马尔堡产区普莱纳姆	
品种 / 霞多丽	
收获年份 / 2004	
参考价格 / ￥7875	

杰克森布朗克威士莲干白葡萄酒 /
马丁堡庄园

Riesling Jackson Block /
Martinborough Vineyard

个性享受
白　辛辣

由最佳葡萄田"马尔堡梯丽
丝"中通过手工采摘的树龄
在17年的果实酿制而成的葡
萄，花香满溢，核心味道显
著，酸橙和杏般果香宜人，
堪称新西兰的代表性威士莲
葡萄酒。

Data	
产地 / 马丁堡产区怀拉拉帕	
品种 / 威士莲	
收获年份 / 2006	
参考价格 / ￥3990	

马尔堡黑皮诺葡萄酒 / 伊莎贝尔酒庄

Marlborough Pinot Noir / Isabel

该黑皮诺体现了气候寒冷、排水性强的石灰质土壤佳酿地——马尔堡的风土条件。通过低温浸渍、自然酵母发酵、酒樽熟成——与勃艮第同样的手法进行打造，具有独特的韵味和复杂感。

Data

产地 / 马尔堡产区	
品种 / 黑皮诺	
收获年份 / 2005	
参考价格 / ￥4725	

木山怀赫科岛梅尔诺葡萄酒 / 金水庄园

Wood's Hill Waiheke Island Merlot/Cabernet / Goldwater Estate

怀赫科岛位于奥克兰东侧，凭波尔多品种受到高度评价。该酒是代表着混合红葡萄酒的新西兰最高级葡萄酒之一。深红的色泽中夹杂着黑色和紫色的果实香气，均衡而优雅。

Data

产地 / 奥克兰产区怀赫科岛	
品种 / 赤霞珠、梅尔诺	
收获年份 / 2004	
参考价格 / ￥3990	

黑皮诺葡萄酒 / 马丁堡庄园

Pinot Noir / Martinborough Vineyard

作为新西兰最早的黑皮诺产地而确定名声的马丁堡代表性葡萄酒。将树龄超过25年的葡萄在法国橡木酒樽中进行1年以上的熟成。洋李和香料感浓烈，单宁稳重，味道浓厚。

Data

产地 / 马丁堡产区怀拉拉帕	
品种 / 黑皮诺	
收获年份 / 2005	
参考价格 / ￥9450	

库苏达黑皮诺葡萄酒 / 库苏达酒园

Kusuda Pinot Noir / Kusuda Wines

旨在打造令世界瞩目的黑皮诺，移居至新西兰马丁堡的楠田浩之于2001年设立该酒园。该酒具有清澈的果味和柔和的口感，已获得世界性高度评价。

Data

产地 / 马丁堡产区	
品种 / 黑皮诺	
收获年份 / 2006	
参考价格 / ￥8400	

品乐塔吉葡萄酒 / 勃拉姆斯庄园
Pinotage / Brahms

日常

红　重

酿造者是南非最优秀的酿造家海斯·特拉女士。该葡萄酒果味馥郁，强劲有力，冲击力柔和，黑色果实的甘甜与馥郁的酸气相呼应，堪称最高品质的南非特有品种——品乐塔吉。

Data

产地 / 帕尔
品种 / 品乐塔吉
收获年份 / 2005
参考价格 / ￥2100

豪猪赤霞珠葡萄酒 / 布肯霍斯克鲁夫酒庄
Porcupine Ridge Cabernet Sauvignon / BoekenhoutskLoof

日常

红　重

南非代表性顶级酒庄打造的副牌。Porcupine意为"豪猪"，虽价格低廉，但味道浓厚，洋溢着可可豆和香草的香气，浓烈的单宁支持着果味余韵，久饮不腻。

Data

产地 / 弗兰秀克
品种 / 赤霞珠
收获年份 / 2007
参考价格 / ￥1890

霞多丽葡萄酒 / 保罗库鲁巴庄园
Chardonnay / Paul Cluver

日常

白　辛辣

埃鲁景产区的气候与勃艮第地区相似，是开普敦周边最寒冷的区域。该庄园是此产区的代表性生产者之一。此酒具有菠萝般质感、烤肉般酒樽香，味道强劲有力而优雅。

Data

产地 / 埃鲁景产区
品种 / 霞多丽
收获年份 / 2007
参考价格 / ￥2415

斯特鲁海斯梅尔诺葡萄酒 / 约翰·库鲁佳酒庄
Sterhuis Merlot / Winery Johann Cluebur

珍藏

红　重

海风吹拂着斯泰伦布什产区高地的葡萄田，葡萄悠然地熟成着，赋予了浓缩感。稳重的酸味和饱满的果味相交融，各要素恰到好处，口感柔和，高级感十足。

Data

产地 / 斯泰伦布什产区
品种 / 梅尔诺
收获年份 / 2004
参考价格 / ￥6300

斯特鲁海斯霞多丽葡萄酒 /
约翰·库鲁佳酒庄

Sterhuis Chardonnay / Winery Johann Cluebur

珍藏

| 白 | 辛辣 |

该葡萄酒所使用的葡萄全部是在凉爽的清晨手工采摘，仅将自然流出的葡萄汁封入橡木新酒樽中，经过自然发酵酿制。该酒体具有蜂蜜、椰肉、芒果混合的醇厚香气，口感成熟顺滑。

Data

产地 /	斯泰伦布什产区
品种 /	霞多丽
收获年份 /	2006
参考价格 /	¥6300

泰迪长相思 & 赛美蓉葡萄酒 /
保罗库鲁巴庄园

Thandi Sauvignon Blanc & Semillon / Paul Cluver

日常

| 白 | 辛辣 |

由保罗库鲁巴庄园提倡的"爱之工程"打造的葡萄酒，充分挖掘当地人才，发挥他们的聪明才智酿制葡萄酒，收益也直接提高了当地居民的生活水平。该酒属于波尔多风格，果味馥郁饱满。

Data

产地 /	埃鲁景产区
品种 /	长相思 75%、赛美蓉 25%
收获年份 /	2007
参考价格 /	¥2310

克伦·伯莱里斯起泡葡萄酒 /
图仰盖连庄园

Krone Borealis Cuvée Brut / Twee Jonge Gezellen

个性享受

| 泡白 | 辛辣 |

该酿制商革新了酿制方式，对各地生产者均产生了重大影响。该起泡葡萄酒通过瓶内二次发酵、无添加酸化防止剂，具有莓系新鲜香气，柔和的气泡既顺滑又优雅。

Data

产地 /	塔鲁巴哈
品种 /	霞多丽、黑皮诺
收获年份 /	2004
参考价格 /	¥2940

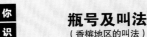

迷你知识

瓶号及叫法
（香槟地区的叫法）

常见的普通类（Bouteille）为750mL。以下的容量以750mL 为基准换算。

1/4瓶（188mL）	Quart
1/2瓶（375mL）	Demie-bouteille
1瓶（750mL）	Bouteille
2瓶（1500mL）	Magnum
4瓶（3000mL）	Jéroboam ※
6瓶（4500mL）	Réhoboam ※※
8瓶（6000mL）	Mathusalem ※※※
12瓶（9000mL）	Sarmanazar
16瓶（12000mL）	Balthazar
20瓶（15000mL）	Nabuchodonosor

※ 在波尔多地区叫Double-Magnum
※※ 在波尔多地区叫Jéroboam(5000mL)
※※※ 在波尔多地区叫Impérial

阿鲁格布兰卡特级醇香干白葡萄酒 / 胜沼酿造

Aruga Branca Pipa / Katsunuma Winery

个性享受

| 白 | 辛辣 |

旨在打造被全世界认可的甲州葡萄酒系列之一。将甲州葡萄通过冷冻浓缩，发挥出原有的成分，在法国橡木酒樽中实施6个月的发酵熟成后，再进行2年以上的瓶内熟成。浓缩的果味与酒樽的厚重相交融，核心味道浓烈，味道优雅。

Data

产地 / 山形县甲州市胜沼	
品种 / 甲州	
收获年份 / 2004	
参考价格 / ￥3780	

武田庄园清爽霞多丽葡萄酒 / 武田酒厂

Domaine Takeda Pure Chardonnay / Takeda Winery

日常

| 白 | 辛辣 |

所使用的葡萄全部栽培于藏王山麓自家农园。将葡萄收获、酿造后，不经过酒樽熟成，马上进行封瓶，味道清爽，生动的酸气与霞多丽的强劲让人倍感舒心。

Data

产地 / 山形县上山市	
品种 / 霞多丽	
收获年份 / 2005	
参考价格 / ￥1911	

库武田庄园良子起泡葡萄酒 / 武田酒厂

Domaine Takeda "Cuvée Yoshiko" Brut / Takeda Winery

珍藏

| 泡白 | 辛辣 |

100%使用自家农园收获的优质霞多丽，经过瓶内二次发酵，与残渣一起进行3年熟成，最终形成正宗的辛辣口味起泡葡萄酒。纤细的气泡涌现，倍感芳醇优雅。

Data

产地 / 山形县上山市	
品种 / 霞多丽	
收获年份 / 2003	
参考价格 / ￥8820	

索格家族小布施起泡玫瑰红葡萄酒 / 小布施酒厂

Sogga père et fils Obuse SparkLing E Rose de Noir Extra Brut / Obuse Winery

个性享受

| 起泡玫瑰红 | 辛辣 |

全部使用欧洲葡萄酒专用品种，通过在瓶内二次发酵的方式酿制而成的正宗玫瑰红起泡葡萄酒。同时无过滤、无澄清，在除渣时不添加糖分，口味轻快而干涩，气泡纤细，亦适合就餐时饮用。

Data

产地 / 山形县上山市	
品种 / 梅尔诺、赤霞珠、霞多丽、兹威格等	
收获年份 / NV	
参考价格 / ￥2980	

索格家族小布施 VDP/ 小布施酒厂

Sogga père et fils Obuse Rouge VDP / Obuse Winery

日常

红 偏轻

该酒厂将视野放至整个世界，旨在打造该价格区间的优质辛辣葡萄酒。其严格选取自家农场的葡萄和国内优良农家的葡萄酒专用葡萄，以梅尔诺为主体酿造，口味均衡，单宁宜人，果香轻快。

Data

产地 /	山形县上山市
品种 /	梅尔诺、墨石、赤霞珠、黑皮诺
收获年份 /	2007
参考价格 /	¥1580

武田庄园良子 1992RD/ 武田酒厂

Domaine Takeda "Cuvée Yoshiko" 1992 Récemment Dégorg / Takeda Winery

珍藏

泡白 辛辣

1992年是优良的收获年份，酿造者为了使该葡萄酒散发出纤细的味道，把与瓶内残渣的接触时间从通常的3年改为10年。通过熟成，优雅的气泡和霞多丽的雅致融为一体，味道浓厚。

Data

产地 /	山形县上山市
品种 /	霞多丽
收获年份 /	1992
参考价格 /	¥12810

丸藤葡萄酒 / 丸藤葡萄酒厂

Rubaiyat Rouge / Rubaiyat Winery

日常

红 偏重

由始创于1890年的胜沼名门酒厂打造的餐桌红葡萄酒，麝香·蓓蕾玫瑰的个性与梅尔诺的柔和十分搭配，甘甜的果香和适量的浓缩感、酸味达到完美的平衡。单宁恰到好处，酒体适中，百饮不腻。

Data

产地 /	山形县甲州市胜沼
品种 /	麝香·蓓蕾玫瑰、梅尔诺
收获年份 /	2004
参考价格 /	¥1596

格连纳什葡萄酒 / 汤布院酒厂

Grenach YU-FU-IN Winery

日常

红 偏轻

汤布院一直给人留下温暖的印象，其实该葡萄田海拔较高，昼夜温差大，冬天时有积雪。反映着该风土条件的格连纳什，充满着新鲜的果味、淡淡的甘甜以及宜人的酸味。

Data

产地 /	大分县由布市汤布院町
品种 /	格连纳什
收获年份 /	2004
参考价格 /	¥1575

旭日黑皮诺葡萄酒／旭洋酒

Soleil Pinot Noir / Soleil Wine

个性享受

红　重

该小型酒厂由夫妻经营，旨在打造具有柔和感和温暖感的葡萄酒。当单一葡萄田的黑皮诺树龄达到6年时，将个性迥异的两大克隆种分别进行酒樽熟成，之后再混合。最后形成的该酒具有复杂的香味和果味，魅力十足。

Data
产地／山梨县山梨市岩手产区	
品种／黑皮诺	
收获年份／2005	
参考价格／￥3360	

武田庄园麝香·蓓蕾玫瑰葡萄酒／武田酒厂

Domaine Takeda Muscat Bailey-A Vieille Vigne / Takeda Winery

个性享受

红　偏重

该葡萄酒使用自家农田树龄超过70年的麝香·蓓蕾玫瑰，栽培于酒厂设立之时。麝香·蓓蕾玫瑰属于日本原有品种。古树专有的浓厚果味在橡木旧酒樽中熟成，独特的果香与稳重的香料相交融，果味饱满。

Data
产地／山形县上山市	
品种／麝香·蓓蕾玫瑰	
收获年份／2005	
参考价格／￥2940	

武田庄园葡萄酒／武田酒厂

Chateau Takeda / Takeda Winery

珍藏

红　重

该葡萄酒仅使用自家庄园中完全熟成的最顶级葡萄，也是该酒厂最上等品。该葡萄酒使用赤霞珠和梅尔诺酿制，各占50%。纤细华丽的香气和浓缩饱满芳醇的味道，堪称日本的代表性葡萄酒。

Data
产地／山形县上山市	
品种／赤霞珠、梅尔诺	
收获年份／2004	
参考价格／￥7875	

丸藤梅尔诺葡萄酒／丸藤葡萄酒工业

Rubaiyat Merlot Shiojiri Grown / Rubaiyat Winery

个性享受

红　偏重

该丸藤顶级葡萄酒使用长野县盐尻市公认的梅尔诺酿造，在旧酒樽熟成12个月，温柔的味道与果味达到平衡，具有华丽感和柔和的熟成感。

Data
产地／山形县甲州市胜沼	
品种／梅尔诺	
收获年份／2002	
参考价格／￥3700	

通过页码查找，一目了然

葡萄酒用语索引

（按照拼音首字母顺序）

※用语大概分为以下9个板块：
[葡萄酒种类] [产地（国）] [栽培、葡萄田] [制法、酿造] [品种名称] [生产者] [葡萄酒法规] [味道、香气] [料理]
※各用语后均标记着主要页码，解说及相关事项更加详细。

A

AOC | 葡萄酒法规 | 42、58
在法国葡萄酒法规中，规定相当于最高品质等级葡萄酒的原产地控制制度。

阿尔萨斯 | 产地 ▌▌ | 70
法国东北部，与香槟酒地区同位于最北部，主要生产由单一品种酿制的白葡萄酒，如威士莲等。

阿罗斯·高登（村） | 产地 ▌▌ | 60
法国勃艮第地区伯恩丘产区的代表性佳酿村之一，凭霞多丽白葡萄酒而闻名于世。

阿空加瓜 | 产地 ▌▌ | 162
位于圣地亚哥北部的智利佳酿地。打造的赤霞珠味道非常浓缩。

艾门提拉多 | 葡萄酒的种类 | 116
雪利酒风格，呈琥珀色，具有熟成感，带有类似坚果的香味。

安茹·索米尔产区 | 产地 ▌▌ | 92
法国卢瓦尔地区的生产地域，主要有由白诗南打造的辛辣~甘甜白葡萄酒，以及由品丽珠打造的红葡萄酒。

B

巴巴莱斯克 | 产地 ▌▌ | 109、110、148
由纳比奥罗酿制而成的意大利皮埃蒙特红葡萄酒（DOCG）。

巴登地区 | 产地 ▬ | 107、152
位于德国最南部的生产区域，与法国的阿尔萨斯地区被莱茵河相隔。

巴罗罗 | 产地 ▌▌ | 109、110、148
由纳比奥罗酿制而成的意大利皮埃蒙特红葡萄酒（DOCG）。

白皮诺 | 品种名称 | 30
打造生动轻快辛辣口味葡萄酒的白葡萄品种，属于黑皮诺的变种。

白垩质 | 栽培、葡萄田 | 76
石灰岩的一种。包括贝壳等化石，呈灰白色，质地较软，主要成分是碳酸钙，多出现在香槟酒地区等。

白丘谷地产区 | 产地 ▌▌ | 78、83
法国香槟酒地区的代表性生产地区名之一，多进行霞多丽的栽培。

白色品牌 | 葡萄酒的种类 | 81
仅使用白葡萄（霞多丽）酿制而成的白葡萄酒（香槟酒）。

白诗南 | 品种名称 | 27、93、97
法国卢瓦尔地区的代表性白葡萄品种。从辛辣口味到极甜口味、起泡类型，范围极广。

邦尼舒产区 | 产地 ▌▌ | 99
法国卢瓦尔地区的生产地，凭白诗南打造的甘甜口味贵腐葡萄酒而知名。

北海岸产地 | 产地 ▤ | 158
分布于美国加利福尼亚州圣弗朗西斯科湾北部海岸沿岸的产地。高品质葡萄酒很多。

贝露娃 | 品种名称 | 105
黑皮诺在德国的别名。

冰葡萄酒 | 葡萄酒种类 | 101、154
在德国和加拿大等寒冷地区，葡萄发生自然冰冻，将冰冻成固体状的葡萄进行压榨后形成的甘甜葡萄酒。

波尔多地区 | 产地 ▌▌ | 48、140
位于法国西南部的世界性葡萄酒酿地，尤其是以赤霞珠为主体的混酿红葡萄酒风格非常出名。

伯恩产区 | 产地 ▌▌ | 61、62、144
法国勃艮第地区科多尔省的南半部分，多生产由霞多丽打造的高级白葡萄酒。

葡萄酒用语索引

葡萄酒用语索引

葡萄酒用语索引

著作权合同登记号：图字13-2012-009

TITLE：［ワイン完全ガイド］

BY：［君嶋 哲至］

Copyright © Ikeda Publishing Co.,LTD 2009

Original Japanese language edition published by IKEDA PUBLISHING CO.,LTD.

All rights reserved. No part of this book may be reproduced in any form without the written permission of the publisher.

Chinese translation rights arranged with IKEDA PUBLISHING CO.,LTD.,

Tokyo through Nippon Shuppan Hanbai Inc.

图书在版编目（CIP）数据

品鉴宝典：葡萄酒完全掌握手册／（日）君岛哲至著；王美玲译.—福州：福建科学技术出版社，2013.10

ISBN 978-7-5335-4380-8

Ⅰ.①品… Ⅱ.①君…②王… Ⅲ.①葡萄酒－鉴赏－手册 Ⅳ.① TS262.6-62

中国版本图书馆 CIP 数据核字（2013）第 209702 号

策划制作：北京书锦缘咨询有限公司（www.booklink.com.cn）
总 策 划：陈 庆
策　 划：李 卫
版式设计：柯秀翠

书　名	品鉴宝典：葡萄酒完全掌握手册	
主　编	（日）君岛哲至	
译　者	王美玲	
出版发行	海峡出版发行集团	
	福建科学技术出版社	
社　址	福州市东水路76号（邮编350001）	
网　址	www.fjstp.com	
经　销	全国新华书店	
印　刷	北京联合互通彩色印刷有限公司	
开　本	787毫米×1092毫米 1/16	
印　张	16	
图　文	256码	
版　次	2013年12月第1版	
印　次	2020年9月第2次印刷	
书　号	ISBN 978-7-5335-4380-8	
定　价	68.00元	